黄土沟壑区
地表开采沉陷规律及
采动损害研究

胡青峰　著

HUANGTU GOUHE QU
DIBIAO KAICAI CHENXIAN GUILÜ JI
CAIDONG SUNHAI YANJIU

中国水利水电出版社
www.waterpub.com.cn
·北京·

内 容 提 要

本书以山西西山煤电股份有限公司镇城底矿具体工作面开采为工程背景，研究了黄土沟壑区地表开采沉陷规律及采动损害，主要内容包括：研究背景与意义，国内外矿山开采沉陷研究现状；地表移动变形观测站设计与监测方法；电厂皮带运输走廊变形监测点的布设和测量方案；地表下沉盆地角量参数与概率积分预测参数的求取；电厂皮带走廊与皮带头机房采动损害分析；采动过程中覆岩与地表应力场、位移场和破坏场演化规律反演；最后基于实测结果，用概率积分法预测分析了皮带走廊的采动损害情况。

本书可供从事采矿工程、测绘工程等专业的科技工作者、研究生和本科生参考使用。

图书在版编目（CIP）数据

黄土沟壑区地表开采沉陷规律及采动损害研究 / 胡青峰著. -- 北京 ： 中国水利水电出版社，2019.10
ISBN 978-7-5170-8137-1

Ⅰ．①黄… Ⅱ．①胡… Ⅲ．①黄土区－矿区－沟壑－地面沉降－规律－研究 Ⅳ．①P642.26

中国版本图书馆CIP数据核字(2019)第237044号

书　　名	黄土沟壑区地表开采沉陷规律及采动损害研究 HUANGTU GOUHE QU DIBIAO KAICAI CHENXIAN GUILÜ JI CAIDONG SUNHAI YANJIU
作　　者	胡青峰　著
出版发行	中国水利水电出版社 （北京市海淀区玉渊潭南路 1 号 D 座　100038） 网址：www. waterpub. com. cn E - mail：sales@waterpub. com. cn 电话：(010) 68367658（营销中心）
经　　售	北京科水图书销售中心（零售） 电话：(010) 88383994、63202643、68545874 全国各地新华书店和相关出版物销售网点
排　　版	中国水利水电出版社微机排版中心
印　　刷	天津嘉恒印务有限公司
规　　格	184mm×260mm　16 开本　8.75 印张　181 千字
版　　次	2019 年 10 月第 1 版　2019 年 10 月第 1 次印刷
定　　价	**78.00** 元

前言

FOREWORD

煤层被开采以后，将造成采空区上覆岩层的垮落、断裂、离层、移动变形等破坏，最终传递到地表产生地面沉降，给矿区人文环境和生态环境带来一定的采动损害，不但破坏地面建（构）筑物，而且易造成大面积的农田损毁、地下水运移规律改变、水土流失加剧、荒漠化程度提高等灾害。地表开采沉陷的移动变形规律与煤层赋存条件、上覆岩层结构有关。各矿区的覆岩与地表移动规律及有关开采沉陷参数具有地区特征，为更加准确地掌握当地矿区的地表移动变形规律，最好的办法就是在相应矿区内开展地表岩移观测工作，根据实测数据反演分析地表移动变形参数以及概率积分预测参数，并以此指导矿山地表采动损害的防治工作。因此，掌握更加准确的地表移动变形规律，对于分析矿区的采动损害意义重大，特别是对于分析采煤工作面上方地表的建（构）筑物的采动损害程度具有重要的科学参考价值和实际意义。

山西西山煤电股份有限公司镇城底矿（以下简称"镇城底矿"）22618 工作面上方地表距离开切眼 1300m 左右有正在运行的皮带运输走廊及其机头。根据开采沉陷的一般规律可知，该工作面开采到皮带运输走廊及其机头处将会对其产生采动损害。镇城底矿位于黄土沟壑山区，地质条件特殊。尽管早期获得了部分该类矿区浅埋煤层开采引起的地表沉陷规律，但目前采深均相对较深，对于该新地质采矿条件下的地表移动变形规律，国内外相关研究非常少见。为准确掌握该黄土沟壑山区地表开采沉陷规律，评估开采沉陷对皮带运输走廊及其附属建（构）筑物的采动损害影响，以镇城底矿 22618 工作面开采为工程背景，开展了黄土沟壑山区地表开采沉陷规律及其对建（构）筑物采动损害研究。

本书是作者近年来从事矿山开采沉陷与采动损害相关项目的研究成果，得到了国家自然科学基金（41301598、41671507、51474217），河南省科技攻关项目（182102311061、182102210330），华北水利水电大学青年科技创新人才支持计划项目（70433），煤化工资源综合利用与污染治理河南省工程实验室开放基金项目（502002－A04）和作者获批的 2018 年度上半年河南省博士后科研项目启动经费的资助。本书的主要内容包括：研究背景与意义，国内外矿山开采沉陷研究现状，研究方法和技术路线；地表移动变形观测站的设计、监测方法、观测成果的检查方法以及地表移动和变形计算方法；电厂皮带运输走廊变形监测点的布设方案、测量方案和仪器选用；工作面开采地表下沉盆地角量参数与概率积分预测参数的求取；电厂皮带走廊采动损害与皮带头机房采动损害分析；基于 Phase2.0 平台分别沿 22618 工作面走向方向与皮带走廊走向方向，建立了相应的地质力学模型，对采动过程中覆岩与地表应力场、位移场和破坏场的演化规律进行了模拟；采用概率积分法对地表开采沉陷进行了动态预测，分析了皮带走廊的采动损害情况。

在本书即将出版之际，特别感谢华北水利水电大学刘文锴教授、曹连海教授、雷斌副教授对作者的悉心指导和帮助；感谢山西西山煤电股份有限公司地质处郝存孝高级工程师、康新亮高级工程师对本研究的支持和帮助；感谢河南理工大学测绘与国土信息工程学院的领导、华北水利水电大学测绘与地理信息学院的全体同事对作者研究工作的大力支持；书中引用了一些学者发表的研究成果，在此对所引用文献的作者及未能提及的作者表示衷心感谢。同时，作者要特别感谢国家自然科学基金委员会、河南省科学技术厅、煤化工资源综合利用与污染治理河南省工程实验室、华北水利水电大学、河南理工大学、河南省博士后管理委员会给予的经费支持！

由于作者水平有限，书中难免存在疏漏和不足，恳请读者批评指正！

作者

2019 年 10 月

目 录

CONTENTS

第 1 章

概　　述

1.1 研究背景与意义

煤层开采会造成采空区上覆岩层的垮落、断裂、离层、移动变形等破坏，并传递到地表，使地面发生沉降，产生一定的采动损害。该过程不但破坏地面建（构）筑物，同时易造成大面积农田损毁、地下水运移规律改变、水土流失加剧、荒漠化程度提高等灾害。地表开采沉陷的移动变形规律与煤层赋存条件、上覆岩层结构有关。因此，各矿区的覆岩与地表移动规律及有关开采沉陷参数具有地区特征，为更加准确的掌握当地矿区的地表移动变形规律，最好的办法就是在研究矿区内开展地表岩移观测工作，根据实测数据反演分析地表移动变形参数以及概率积分预测参数，并以此指导矿山地表采动损害的防治工作。因此，掌握更加准确的地表移动变形规律，对于分析本矿区的采动损害意义重大，特别是对于分析采煤工作面上方地表的建（构）筑物的采动损害程度具有重要的科学参考价值和实际意义。

镇城底矿隶属于山西西山煤电股份有限公司。该矿矿井于 1983 年 1 月开工建设，1986 年 11 月正式投产，设计生产能力 150 万 t/a，2013 年重新核定生产能力为 190 万 t/a。井田面积 23.8396km²，批准开采高程 660.00～1120.00m。目前，该矿正在开采 22618 工作面，工作面上方地表距离开切眼 1300m 左右有正在运行的皮带运输走廊及其机头。根据开采沉陷的一般规律可知，该工作面开采到皮带运输走廊及其机头处将会对其产生采动损害。

镇城底矿位于黄土沟壑山区，地质条件特殊。尽管早期获得了部分该类矿区浅埋煤层开采引起的地表沉陷规律，但目前采深均相对较深，对于该新地质采矿条件下的地表移动变形规律，国内外相关研究非常少见。为准确掌握该黄土沟壑山区地表开采沉陷规律，评估开采沉陷对皮带运输走廊及其附属建（构）筑物的采动损害影响，以镇城底矿 22618 工作面开采为工程背景，开展了黄土沟壑山区地表开采沉陷规律及其对建（构）筑物采动损害研究。

1.2 国内外矿山开采沉陷研究现状论述

1.2.1 国外矿山开采沉陷研究现状

矿山开采沉陷及其采动损害早在 19 世纪就已经引起了人们的注意，对开采沉陷形成初步认识，虽然进行了一些开采实践，但由于没有成熟理论的指导，这一时期"三下一上"[建（构）筑物以下、铁路以下、水体以下和承压水以上]开采尚未形成系统的理论。

1825 年和 1839 年，比利时人对列日城矿山开采沉陷的形式和采动损害程度进行了相关调查，调查结果为覆岩与地表以陷落为主，结合当地的采深条件，形成了最初的开采沉陷假设，即"垂线理论"。随着对列日城开采沉陷规律的进一步研究，发现在工作面下山方向一侧煤柱上方地表的建（构）筑物也遭受了一定程度的采动损害。根据这一现象，1858 年 Gonot 认为倾斜矿层的开采塌陷是沿矿层法线方向传播，且先偏向于开采工作面的下山方向上方，而不是出现在开采工作面的正上方，并以实测资料为基础提出了"法线理论"，由于该理论的提出是基于下山方向实测数据，对极倾斜煤层开采造成的地表塌陷现象并不能较好的解释，所以遭到了当时许多科学家的质疑。针对法线理论的不足，Dumont 于 1871 年采用水准测量的方法对列日城下采用柱式开采方式的地表沉陷进行了测量，得出最大沉陷值不超过厚度的 1/3，并提出了下沉计算模式 $W = m\cos\alpha$，并指出法线理论只适用于矿层倾角小于 68°的情况；同时他通过详细分析地表移动盆地的范围与工作面的对应关系，研究移动盆地各个部分对建筑物的危害性，认为最有危险的地点是移动盆地的边缘地带，对建（构）筑物产生危害的不是均匀下沉而是非均匀下沉，因此他不赞成在采空区内留设矿柱。他的一些认识至今仍对建（构）筑物下开采具有指导意义。

随后，德国的 Jicinsky 通过总结分析大量实测资料，提出了"二等分线理论"，将覆岩移动过程分为两个时期，第一时期是迅速塌陷过程，第二时期是覆岩缓慢移动过程。Oesterr 认为在采空区上方覆岩的塌陷形式为抛物线形状；同时他还认为下沉盆地是由自然斜面角圈定的，并给出了从完整岩石到厚含水冲积层的 6 类岩层的自然斜面角，范围为 54°~84°，提出了自然斜面理论。他第一次提出了岩层移动范围与岩层性质有关的思想，其圈定的移动范围与现代开采沉陷理论相似，但没有对倾斜煤层上山和下山方向地表沉陷规律开展更深一步的研究。法国的 Fayol 认为采动覆岩破坏向上发育形状为圆拱形状，采空区将通过采动破碎岩石的碎胀作用来充填，充填后的圆拱将保持稳定，由此提出了"圆拱理论"。法约尔的圆拱理论已成为矿山压力学科的基本理论之一，一直沿用至今。Hausse 提出了"分带理论"，认为采空区上方存在"三带"（冒落带、裂隙带和弯曲带）分布沉陷模式，并建立了覆岩与地表沉陷几何理论模型。

进入 20 世纪以后，许多学者开始大规模系统地对地表移动变形进行观测，从而使得开采沉陷理论得到了很大的发展。Halbaum 将采空区上方岩层看作悬臂梁，经过推导得出地表应变与曲率半径成反比的结论。Korten 根据实测数据总结出了水平移动与变形的分布规律。Fckardt 把岩层移动过程视为各岩层的逐层弯曲。

Lehmann 认为地表沉陷类似于一个褶皱过程。1923—1947 年，Schmitz、Keinhorst、Bals 等人相继研究了开采沉陷影响的作用面积及其分带，提出和发展了开采沉陷影响分布的几何理论。特别是 Bals 1932 年提出的连续影响分布的影响函数，为后来的影响函数法奠定了基础。1950 年以后波兰学者 Budryk 和 Knothe 修正了几何沉陷理论，并提出用高斯曲线作为影响曲线的方法。波兰学者 J. Litwiniszyn 采用数理统计的方法建立了单元开采地表移动表达式，将随机介质理论引入开采沉陷，为影响函数从经验走向理论奠定了基础。波兰学者沙武斯托维奇运用弹性基础梁得出了波动性下沉剖面方程。

Salamon 等将连续介质力学与影响函数法相结合，提出了更为一般的线弹性分析原理即面元原理，为现在的边界元法奠定了基础。Brauner 发表了计算地表移动的积分网格法，并提出了水平移动的影响函数。20 世纪 60 年代中期英国的 Lee 针对断层对开采沉陷的影响，基于对 29 处有断层影响的地表开采沉陷观测数据，得出了断层有时能吸收变形，断层滑移与开采深度无关的结论。苏联的 Kolebaeva 采用钢丝垂球法、同位素子弹等进行了岩体移动的大量观测，获得了覆岩内部移动的大量数据，绘制了覆岩内部移动等值线图。同时，Dahl、Brawn、Pothini、Lee、Strauss 和 Nair 开始对开采沉陷的数值模拟计算进行了初步研究。另外，Kratzsch、Ishijima&Isobe、Mueller、Mozuder、Dahl、Choi、Shoemaker 等学者在这方面也进行了进一步的研究。

Helmut Kratzsch 概括总结了煤矿开采沉陷的预测方法，并出版了《采动损害与防护》一书。屠尔昌宁诺夫推导出了台阶高度的计算公式。彼图霍夫给出了由于岩石沿层理面向倾斜方向移动而引起岩体移动的计算方法。Conroy 和 Gyarmaty 采用钻孔伸长仪和钻孔测斜仪观测了覆岩内部的竖向和横向移动，不仅获得了覆岩内部的水平移动规律，还观测到了覆岩沿层面的滑移和离层现象。H. 克拉茨深入研究了煤层群开采的相互影响以及采空区留设矿柱的影响，提出了几种重复开采模型，得到了重复采动移动角、边界角变化的实用公式。苏联学者 B. A. 布克林斯基认为第一次采动使岩体破碎产生碎胀，这使得地表下沉小于煤层开采厚度，重复采动时已产生碎胀的岩体将不再产生碎胀，从而减少了岩体的碎胀量，而地表下沉量增大。Su D. 等考虑到岩体存在层面，数值模拟时在层面处设置节理单元，在相同岩体力学参数的情况下获得了与现场实测相吻合的结果，并将考虑层面的情况与不考虑层面的情况做了对比分析，发现考虑层面后计算的移动量大约是不考虑层面情况的 5 倍。Peng S. S. 详细分析了开采对地下水环境的影响。

Ambrožič T. 等采用神经网络方法对地表沉陷动态预测进行了相干探讨。Gonzalez-Nicieza C. 等基于正态分布时间函数研究了采动过程中地表移动变形的动态特征，并以阿斯图里亚斯煤矿地表沉陷实测数据为例，将正态分布时间函数与

Knothe 时间函数以及双曲时间函数的预测结果进行了对比分析，表明函数该预测精度更高。Luo Y. 对 Knothe 时间函数进行了改进，以适应倾斜煤层开采时的动态预测。I. D. 等将 Knothe 时间函数和 GIS 软件结合以分析和评估矿区地表动态采动损害。Ikemi H. 等基于地理信息技术模拟了地表沉陷的动态过程。

1.2.2　国内矿山开采沉陷研究现状

生产实践和理论研究表明，矿山开采沉陷是一门涉及矿山测量、采矿、数学、岩石力学、煤田地质和计算机等多个学科的交叉性综合学科。因此，本研究将从以上方面论述分析我国开采沉陷的发展研究现状。

我国于 20 世纪 50 年代开始采用现场测量的方法研究由采矿引起的地表移动变形问题。1954 年我国在开滦建立了第一条完整的地表岩移观测站——黑鸭子观测站。1956 年唐山煤炭科学研究所成立以后，对黑鸭子观测站观测的数据进行了全面分析总结，获取了地表移动参数。之后，大同、淮南、阜新和抚顺等多个矿区也进行了地表移动观测站的规划、设计和建设。1957—1959 年唐山煤炭科学研究所先后分别完成了枣庄、开滦、淮南、焦作等矿区的 10 多条地表移动观测站的分析总结报告。1960 年由北京矿业学院、中南矿冶学院和合肥工业学院合编的《矿山岩层与地表移动》，该书全面论述了岩石物理力学性质、露天及地下开采岩层移动的观测方法及成果整理，用相似材料模型实验研究岩层移动，介绍了国内外岩层移动观测的主要成果及新的理论和经验，并结合我国各主要矿区的实际观测资料进行了阐述。1963 年，依据阳泉矿区 22 个地表移动观测站和 4 个覆岩内部移动观测站，以及 11 个山沟下、4 个建（构）筑物下的工作面开采沉陷观测资料，唐山煤炭科学研究所编制完成了《阳泉矿区地面建（构）筑物及主要井巷保护试行规程》，并在该矿区广泛应用，取得了较好的效果。1963—1965 年，为研究任一点的地表沉陷变形规律，周国铨教授等建立了我国第一个网状观测站，在研究分析大量观测数据的基础上，建立了地表下沉空间曲面方程，从而可以预计地表下沉盆地内任一点在任一方向上的移动和变形值。1954 年以来，各主要矿区都分别建立了十几个至几十个地表移动观测站，获得了关于本矿区岩层和地表移动的完整资料，为建立各种计算方法提供了依据。

由以上分析可知，早期对地表沉陷观测大多采用水准测量和导线测量，在地形条件比较复杂的偏远矿区，该方法存在一定的弊端，当地形落差较大或通视条件差时，会引起控制点引测不方便、测量速度较慢、测量结果精度不高等问题。尽管如此，随着测绘科学技术的发展，一些现代测绘新技术也正被引入到地表沉陷的监测工作当中，例如：CORS 技术、InSAR 技术、地面激光扫描技术以及 GNSS 技术等，而且都取得了比较不错的效果。然而，对于覆岩内部沉陷的监测，与地表沉陷相比，其监测方法发展相对较慢，这可能与实施覆岩内部监测比较困难有关。在实际工作开展过程中，主要还是采用传统的监测方法：巷道和采场直接观测法、岩移钻孔钢丝绳观测法、钻孔伸长仪、钻孔倾斜仪。关于覆岩破坏的监测方法主要有：形变-电阻率探测法、水文地质钻孔观测法、声波探测法、钻孔透视法和钻孔电视法。

由于采动覆岩与地表沉陷规律与地下采矿情况息息相关，为此，我国许多学者从采矿工程的角度对开采沉陷进行了研究，并取得了大量的科研成果。

刘天泉等系统地总结了概率积分法在我国实际应用中的经验，较深入地研究了覆岩破坏的基本规律，提出了导水裂隙带的概念，并以实测资料为基础建立了垮落带——导水裂隙带的计算公式。白矛等研究了采用条带法开采条带尺寸对开采沉陷的影响。范学理等曾多次采用相似材料平面模型试验研究了不同地质采矿条件下开采覆岩与地表移动的情况。邓喀中等提出了开采沉陷的结构效应。崔希民等实验分析了潞安矿区综放和分层开采的岩层移动规律。郝延锦等也对放顶煤开采引起的覆岩移动规律进行了实验。梁运培等建立了采场上覆岩层移动的组合岩梁模型，将岩层移动的关键层、岩层组合以及层间离层统一在组合岩梁模型的体系中，给出了关键层、岩层组合以及层间离层的统一判别准则。姜福兴等研究了四面采场"θ"型覆岩多层空间结构的运动及其控制。戴华阳等人针对深部隔离煤柱对岩层与地表移动的影响规律进行了深入研究。

为了对沉陷进行准确的预计，我国学者通过对大量矿区沉陷资料进行分析，结合国外已有的预计理论开始从数学的角度来研究开采沉陷预计模型。

19世纪60年代刘宝琛和廖国华将李特威尼申建立的随机介质理论法引入我国，在其基础上将其发展为概率积分法。1973年《矿山测量》创刊，公开刊登了《"三下"采煤》一文，集中介绍了当时10年来有关地表移动和"三下"采煤的科研成果。论述了指数函数法、典型曲线法、双曲线正割影响函数法等地表移动的计算方法。1978年煤炭工业出版社出版了由开滦煤炭科学研究所编著的《铁路下采煤》一书。该书在地表沉陷方面，全面系统地介绍了负指数函数法计算公式与非主断面上任一点在任一方向上的地表沉陷变形的预计方法。吴戈（1981）提出了下沉盆地剖面的"Γ"分布模式。周国铨等给出了指数函数法计算地表移动的解析解。何万龙等总结了山区地表移动计算公式。何国清等建立了基于碎块体理论的地表沉陷的威布尔分布法。郝庆旺等提出了采动岩体开采沉陷的空隙扩散模型。王金庄等给出了巨厚松散层下煤层开采地表移动规律及其预计方法。郭增长等建立了极不充分开采条件下地表移动的预计方法。郭文兵等人进行了岩层移动角选取的神经网络方法研究。戴华阳等建立了适应于各级别倾角开采沉陷的统一模型和预计方法——矢量预计法。柴华彬等研究了用模糊识别确定开采沉陷预计参数的方法。朱刘娟等讨论了岩层移动角随开采厚度、开采深度及煤层倾角等的变化规律，建立了深部开采条件下岩层移动角的计算公式。胡青峰等针对泰勒级数展开法求参的缺陷，提出采用 Broyden 算法对其进行改进。廉旭刚等建立了 Knothe 时间函数参数 c、充分采动程度和采后时间之间的关系式。胡青峰等研究了影响 Knothe 时间函数时间系数的因素，基于采空区的充分采动宽度建立了 Knothe 时间函数求参模型，并于 2015 年基于充分采动角对该模型进行了优化改进。Nie L. 等根据矿区地表监测点下沉曲线程 "S-型" 的特征，构建了反正切函数模型，并以抚顺台河矿地表监测资料为例进行了实例验证。

为进一步深入研究覆岩内部岩层的移动情况，仅依据地表移动观测数据建立数学模型显然不能达到预期效果。由于地表移动与覆岩内部岩层移动密不可分，我国学者开始从岩石力学的角度对开采沉陷进行研究。

李增琪采用 Fourier 变换推导出了岩层与地表移动变形的弹性力学表达式。谢和平等提出了损伤非线性大变形有限元法。何满潮提出了非线性光滑有限元法。杨伦等提出了岩层二次压缩理论，将地表沉陷与岩层的物理力学性质联系起来。杨硕等建立了开采沉陷的力学模型。王泳嘉等将离散单元法和边界元法应用于开采沉陷中应力、位移和变形的研究。吴立新等建立了条带开采覆岩破坏的托板理论。于广明提出了开采沉陷的非线性机理和规律，以及分形损伤在开采沉陷中的应用。麻凤海应用离散单元法研究了岩层移动的时空效应。崔希民等对主断面的地表移动与变形进行了实时位移分析，采用流变模型对开采沉陷进行了研究。唐春安等给出了线弹性有限元法。王悦汉等充分考虑了采动岩体破裂的特性，将岩体移动划分为不同的阶段，针对各个阶段分别采用不同的模型，采用逐层逐次的计算方法建立了岩体移动的动态力学模型，不仅可以用来计算岩体与地表的动态移动变形，而且还可以计算覆岩离层裂缝的发育高度、岩体断裂高度和岩层的周期断裂步距，初步建立了采场围岩、覆岩和地表相统一的动态力学模型。Ximin Cui 等将大变形力学理论引入开采沉陷预计与地表裂缝分析中，基于沉陷的实时位形分析了其移动变形指标，并于 2001 年基于概率积分法，采用 Knothe 时间函数建立了地表动态移动变形的计算方法，给出了 Knothe 时间函数参数的计算方法和单元划分的周期来压步距法，并在钱家营矿沙河采煤沉陷及矸石筑坝中得到了应用。

另外，针对一些特殊的地质采矿条件，我国学者也开展了相关研究。张玉卓等采用边界元法研究了断层对地表开采沉陷的影响，提出了岩层移动的错位理论。隋惠权等基于地球动力区划的理论和方法，分析研究了深部开采条件下，煤层底板形变、断层活化及动力突变现象等。夏玉成探讨了构造应力对地表采煤沉陷的影响，指出在构造挤压区，一定的开采强度有可能不会对地表造成强烈的损害，而在构造伸展区，相同强度的开采则有可能对地表生态环境造成严重的破坏。崔希民等分析了弱面对地表移动范围和不连续变形的影响，根据基岩移动角与断层面倾角之间的关系，分析研究了断层对地表移动范围及非连续变形的影响规律，给出了断层露头处台阶和裂缝的计算方法。

1.2.3 黄土沟壑区地表开采沉陷研究现状

黄土沟壑山区地表开采沉陷研究较深入、成果较突出的为何万龙教授，他通过对阳泉和西山矿区多年的地表开采沉陷观测资料分析，得出山区开采影响下的地表移动，除受地质采矿条件和覆岩性质影响外，还与地表倾向、倾角以及表土层的强度有关；山区采动地表点的移动向量是该点在重力作用下沿采空区中心和地表倾斜两个方向移动向量的叠加；山区水平移动受地形倾斜影响最为明显，其次为下沉。当地面坡度基本一致时，山区地表的其他变形值受地表的影响较小，但坡度变化较大时，倾斜地表各种变形值都将较类似条件下的平地增大。通过观测受滑移影响的竖井井筒的内部，发现在风化表土层与基岩接触面上有明显的错台，井壁的破坏主要发生在覆岩表土层内，滑移方向指向下坡。由此得出，山区采动地表向下坡方向的滑移主要发生在风化表土层内；结合实测数据和实验结果对山区采动滑移机理进行了揭示。另外，通过对大量的采动滑坡实例进行分析，给出了影响采动坡体稳定性的主要因素，并对采动滑坡破坏类型进行了分类。何万龙教授的研究成果对我国研究山区采动损害起到了推动作用，同时为后续研究山区采动损害奠定了基础。

由于山区采动地表裂缝不仅对土地破坏力大，而且使得山区地表坡体的稳定性受到影响，极易造成滑坡等矿山环境灾害。为此，许多专家学者针对山区采动地表裂缝做了大量的研究工作。康建荣根据现场实测资料，分析了地表产生裂缝的四个阶段及其形成过程机制，揭示了采动裂缝对山区地表移动变形的影响；余学义等在对西部多个矿区地表裂缝破坏调查的基础上，应用概率积分法计算基岩顶界面的应力应变分布规律，分期了其与地表裂缝的关系，研究了开采引起黄土层地表裂缝产生的机理；韩奎峰等以山区地表下沉、水平移动预计值为主要参数，按照矢量分解与合成法则求取坡段变形预计值，将岩土力学中的临界变形值作为地表起裂判据，进而确定采动裂缝出现的坡段及单位长度内地表裂缝宽度；王晋丽以西曲矿为例，通过分析调研资料和实测数据，给出了山区采煤地裂缝的分布特征，认为地形微地貌、表土层性质及开采方法是决定山区采煤地裂缝分布特征的主要因素等。

1.3 主要研究内容

本书拟采用现场实际调查与测量、数值模拟实验、理论分析等相结合的方法对黄土沟壑山区地表开采沉陷规律及其对大型带状建（构）筑物产生的采动损害开展研究，主要研究内容如下：

（1）结合矿区具体工作面地质采矿参数及其上方地貌情况，设计其地表移动变形观测线及其观测方案，分析其地表移动变形规律、地表下沉盆地的角量参数和概率积分预测参数。

（2）以某电厂粉煤灰皮带运输走廊为例，结合具体工作面的地质采矿参数和实际变形监测数据，分别从沿皮带走廊和垂直于皮带走廊 2 个方向，研究大型带状建（构）筑物的采动损害特点与规律。

（3）依据具体工作面的实际地质采矿条件，基于 Phase2.0 平台分别建立其走向主断面剖面的地质采矿模型和沿皮带运输走廊方向的地质采矿模型，反演工作面开采过程中，覆岩与地表应力场、位移场和破坏场的演化规律，揭示该类矿区覆岩与地表沉陷以及皮带走廊的采动损害机理。

（4）基于具体工作面开采地表移动变形实测数据，采用概率积分法，分 3 种情况对皮带下方地表移动变形进行预测，并将预测结果与实测数据进行对比分析，以印证本研究的科学性、实用性和可靠性。

1.4　研究方法与技术路线

1.4.1　研究方法

本书拟采用现场实际调查测量、数值模拟实验、理论分析等相结合的研究方法。现场实际调查测量方法是研究煤层开采地表沉陷情况的主要方法，也是取得第一手资料的根本方法。数值模拟实验可以人为控制和改变实验条件，从而确定单因素或多因素对所关心问题的影响，而且实验周期短、成本低、见效快、可视化效果好，实验结果清楚直观，实验可多次重复进行且能保存实验结果，该方法已在力学和采矿学得到广泛的应用。理论分析主要是采用概率积分法，结合实测数据对项目区地表沉陷进行预测。

1.4.2　技术路线

本书采用的技术路线如图 1.1 所示。

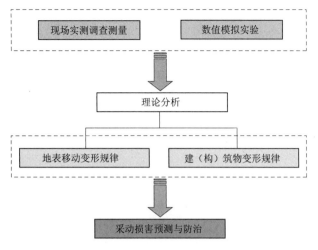

图 1.1 技术路线

第 2 章

地表移动变形观测站设置

2.1　设站作用

煤矿开采引起的岩层和地表移动的过程非常复杂，是地形、地质、采煤方法、覆岩赋存状况等多种因素共同影响的结果。通过设立地表移动变形观测站进行观测和分析可以获取以下信息：

（1）特定采矿条件（如不同的采煤方法）、地质条件与地表移动和变形的关系。

（2）地表在移动过程中的移动变形特点及分布规律。

（3）地表移动和变形中的动态移动变化规律。

（4）移动稳定后地表移动和变形的分布及其主要参数，即移动角、裂缝角、边界角、最大下沉角、下沉系数、水平移动系数、主要影响角正切、超前影响角、超前影响距，滞后角及滞后距和地表最大下沉速度、拐点偏移距等。

（5）在开采过程中，引起采动滑移的初步原因，总结相近地质条件下采动滑移的形成条件。

2.2　设站条件

1. 22618 工作面概况

22618 工作面长 2092m，工作面倾向宽 152m，2.3 号煤层厚度 2.70～3.85m，平均厚度 3.40m，平均煤层倾角 4°。地面高程 1135.00～1250.00m，工作面高程 721.00～800.00m。

22618 工作面井下位于南六采区，北为 760 东一总回风巷、皮带巷、轨道巷，南邻矿界，东邻 22620 工作面、22620-1 工作面（已采），其他为未采区。采煤方法为综合机械化采煤。

2. 地形条件

镇城底矿井田位于吕梁山脉中段的东翼，属中低山区。区内沟谷纵横，切割剧烈，除山顶部分为黄土覆盖外，其余大部均为基岩裸露，地形较为复杂。区内地势总体上西南高、东北低。最高处为井田西南角 531 号钻孔附近，高程 1305.35m；最低处为井田东北部的汾河河床，高程 1000.00m 左右。本区相对高差一般为 150～250m。

山顶及山脊处较为平缓，为新生界黄土覆盖。沟谷多呈"V"字形，两侧基岩裸露。22618 工作面位于王家坡村以南，十字岩村东北，元家山村以东，电厂排灰通道下方，T4、T6 钻孔一带，盖山厚度 335～529m。

3. 地质条件

22618 工作面煤层稳定，距煤平巷 310～520m、600～770m、770～1100m 范围分别为两个向斜和一个背斜构造，轴向分别为 284°、325°、322°，煤层倾角为 1°～11°，平均为 6°，煤层厚度为 3.40m，结构为：2.16（0.52）0.72。

2.3　观测站设计

2.3.1　开采沉陷系数的确定

地表移动观测站设计所用的开采沉陷系数有：走向充分采动角 ψ_3、倾向上山充分采动角 ψ_2、倾向下山充分采动角 ψ_1、走向移动角 δ、倾向下山移动角 β、倾向上山移动角 γ，移动角修正值 $\Delta\delta$、$\Delta\beta$、$\Delta\gamma$ 及最大下沉角 θ 等。

地表移动观测站设计时所用参数依据《西山矿区保护煤柱设计规程》（试行）确定，取值如下：

（1）基岩移动角取值：$\alpha\leqslant5°$、$H\geqslant300\text{m}$ 时，$\beta=\gamma=\delta=75°$。

（2）松散层移动角取值：$h=20\sim40\text{m}$，$\phi=55°$。

（3）移动角修正值（走向 $\Delta\delta$，倾向上山 $\Delta\gamma$，倾向下山 $\Delta\beta$）取值：$\Delta\delta=\Delta\gamma=\Delta\beta=20°$。

（4）充分采动角（走向 ψ_3）取值：开采深厚比 $\dfrac{H}{M}>50$，取 $\psi_3=55°$。

（5）最大下沉角取值：$\theta=90°-0.6\alpha$。

2.3.2　观测线的位置及长度、观测点及控制点数目的确定

根据采矿引起的地表移动变形监测的需要，以及项目区地貌情况，22618 工作面上方共设 3 条观测线，分别为一条走向观测线（A 线）、两条倾向观测线（B 线）。

根据地表移动变形的一般规律，倾斜观测线到开切眼的距离为

$$L\geqslant\frac{H-h}{\tan55°}+h\times\cot55° \tag{2-1}$$

式中　H——工作面边界开采深度，m；

　　　h——表土层厚度，m。

由于 22618 工作面所采 2.3 号煤层属于近水平煤层，所以走向观测线（即 A 线）拟布置在工作面的上方正中央处；为保证倾向观测线位于走向方向的充分采动区域内，倾向线的位置见式（2-2）：

$$D = H \times \cot 55° \qquad\qquad (2-2)$$

式中　D——倾向线距离开切眼的位置；

　　　$55°$——西山矿区充分采动角。

按理论应布置在工作面内大于距离开切眼 301m 以外（A21 号点），但由于受工作面上方地形的限制，为方便测量以及能够测到更加真实客观的地表移动变形数据，将 B 线分两段布设，B1~B15 号点布设在工作面内左侧距离开切眼 390m 处（A24 号点），B16~B31 号点布设在工作面内右侧距离开切眼 700m 处（B18 号点）。

根据 22618 工作面实际地质采矿条件，A 线和 B 线观测站编号和设计位置示意图如图 2.1 所示。

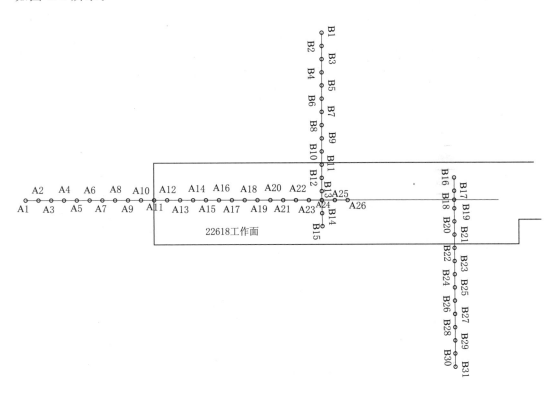

图 2.1　A 线和 B 线观测站编号和设计位置示意图

A 线各点坐标值见表 2.1。B 线各点坐标值见表 2.2。

表 2.1 A 线 各 点 坐 标 值

编号	坐标		编号	坐标	
A1	$X=37593417.2997$	$Y=4195590.2159$	A14	$X=37593593.8355$	$Y=4195937.9684$
A2	$X=37593430.8792$	$Y=4195616.9665$	A15	$X=37593607.4223$	$Y=4195964.7154$
A3	$X=37593444.4588$	$Y=4195643.7171$	A16	$X=37593621.0189$	$Y=4195991.4668$
A4	$X=37593458.0532$	$Y=4195670.4972$	A17	$X=37593634.6812$	$Y=4196018.3684$
A5	$X=37593471.6125$	$Y=4195697.2080$	A18	$X=37593648.2656$	$Y=4196045.1165$
A6	$X=37593485.1973$	$Y=4195723.9690$	A19	$X=37593661.8501$	$Y=4196071.8647$
A7	$X=37593498.7685$	$Y=4195750.7033$	A20	$X=37593675.4345$	$Y=4196098.6129$
A8	$X=37593512.4244$	$Y=4195777.4357$	A21	$X=37593689.0189$	$Y=4196125.3610$
A9	$X=37593525.9993$	$Y=4195804.2488$	A22	$X=37593702.6033$	$Y=4196152.1092$
A10	$X=37593539.5524$	$Y=4195831.0444$	A23	$X=37593716.1877$	$Y=4196178.8573$
A11	$X=37593553.1711$	$Y=4195857.7751$	A24	$X=37593729.4862$	$Y=4196205.7521$
A12	$X=37593566.6609$	$Y=4195884.7687$	A25	$X=37593743.3565$	$Y=4196232.3536$
A13	$X=37593580.2488$	$Y=4195911.2215$	A26	$X=37593756.8610$	$Y=4196258.9446$

表 2.2 B 线 各 点 坐 标 值

编号	坐标		编号	坐标	
B1	$X=37593390.9679$	$Y=4196378.4578$	B17	$X=37593850.9726$	$Y=4196490.4940$
B2	$X=37593417.6910$	$Y=4196364.8241$	B18	$X=37593869.1604$	$Y=4196481.2149$
B3	$X=37593444.4198$	$Y=4196351.1875$	B19	$X=37593886.6868$	$Y=4196472.4896$
B4	$X=37593471.1153$	$Y=4196337.5141$	B20	$X=37593913.4350$	$Y=4196458.9052$
B5	$X=37593497.8375$	$Y=4196323.9184$	B21	$X=37593940.2253$	$Y=4196445.4038$
B6	$X=37593524.5540$	$Y=4196310.2719$	B22	$X=37593966.9422$	$Y=4196431.8486$
B7	$X=37593551.2756$	$Y=4196296.6552$	B23	$X=37593993.7227$	$Y=4196418.3280$
B8	$X=37593578.0095$	$Y=4196283.0323$	B24	$X=37594020.5598$	$Y=4196404.9202$
B9	$X=37593604.7576$	$Y=4196269.4479$	B25	$X=37594047.4111$	$Y=4196391.3886$
B10	$X=37593631.4645$	$Y=4196255.7608$	B26	$X=37594074.2203$	$Y=4196377.8782$
B11	$X=37593658.1875$	$Y=4196242.1271$	B27	$X=37594101.1927$	$Y=4196364.2857$
B12	$Y=4196242.1271$	$Y=4196228.4932$	B28	$X=37594128.0593$	$Y=4196350.7462$
B13	$X=37593711.6335$	$Y=4196214.8595$	B29	$X=37594154.8501$	$Y=4196337.2452$
B14	$X=37593756.5170$	$Y=4196192.8057$	B30	$X=37594181.6435$	$Y=4196323.7429$
B15	$X=37593783.5448$	$Y=4196179.7865$	B31	$X=37594208.4544$	$Y=4196310.2317$
B16	$X=37593824.2495$	$Y=4196504.1277$			

为方便对采煤沉陷区的建（构）筑物进行变形监测，在沉陷影响区以外布设了 3 个控制点，其点位可根据地形来选择，尽可能视野开阔。控制点布设示意图如图 2.2 所示。控制点编号与设计坐标见表 2.3。

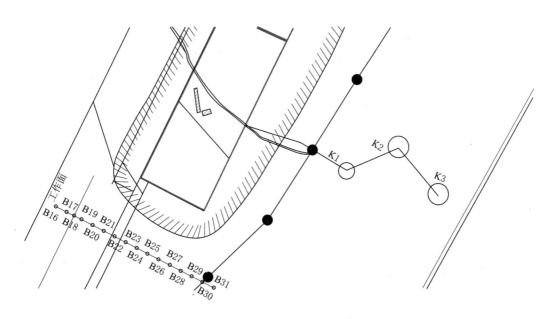

图 2.2　控制点布设示意图

表 2.3　　　　　　　　　　　　　　　控制点编号与设计坐标

编　　号	坐　　标	
K1	$X = 37594532.9134$	$Y = 4196589.1267$
K2	$X = 37594660.7770$	$Y = 4196642.7750$
K3	$X = 37594757.5042$	$Y = 4196529.4591$

2.3.3　地表岩移观测站和控制点设置

1. 观测站与控制点的构造与埋设

观测点和控制点的埋设遵循《建筑物、水体、铁路及主要井巷煤柱留设与压煤开采规范》的要求，同时参考《国家 GPS 测量规范》（GB/T 18314—2001）《国家三、四等水准测量规范》（GB/T 12898—2009），均采用混凝土标桩，标桩规格及埋设要求如下：

控制点和工作测点均为棱台式混凝土标桩，上面 10cm×10cm，底面 20cm×

20cm，高 60cm。标石材料采用 C25 混凝土，水泥（425R）、砂、石配合比为：343（kg）：0.49（m³）：0.85（m³）。用带有十字刻划的 8cm 钢筋作中心标志。

（1）在观测期间能可靠保存，并和地表牢固结合，其底部埋设深度应低于当地冻土深度以下 0.5m。

（2）便于进行高程观测和平面坐标观测。一般高出地面 10cm 左右。如预计到地表下沉后测点可能被水淹没或被其他充填物埋设，应考虑选用便于日后加高的测点结构。

（3）控制点和工作测点按设计要求用 RTK 标定，并尽量埋在同一方向线上，以便于观测和计算。

为了保证观测站控制点的稳定性，应定期进行从矿区水准基点到观测站控制点的水准测量。

2. 测点数目及其密度

《建筑物、水体、铁路及主要井巷煤柱留设与压煤开采规范》（安监总煤装〔2017〕66 号）给出的测点间距与开采深度的关系见表 2.4。依据表 2.4 的建议值和矿区实际情况，本设计点间距取 30m，地表移动观测站相关设计参数详见表 2.5。

表 2.4　　　　　　　　　　　　**测点间距与开采深度的关系**　　　　　　　　单位：m

开采深度	测点间距	开采深度	测点间距
<50	5	200～300	20
50～100	10	>300	25
100～200	15		

表 2.5　　　　　　　　　　　　　**地表移动观测站设计参数表**

观测线	总长度/m	控制点数/个	监测点数/个	测点间距/m
走向 A	750		26	30
倾向 B	900	3	31	30
C 线	135		10	15
合计	1785	3	67	

3. 实地埋设

根据设计方案和实际地形，对该项目地表移动观测站进行了实地埋设，其结果如图 2.3 所示。

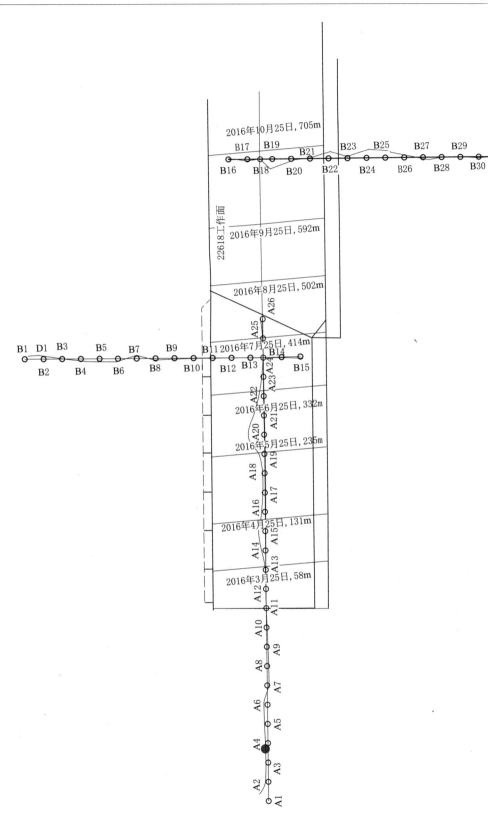

图 2.3 设计观测线与实地埋设观测点

2.4　观测方法及相关计算

2.4.1　基本要求

地表移动观测的基本内容是在采动过程中，定期地、重复地测定观测线上各测点在不同时期内空间位置的变化。地表移动观测站的常规观测工作可以分为：观测站的连接测量、全面观测、加密水准测量、地表破坏的测定和编录。每次观测时，必须实测回采工作面的位置、煤层厚度、采高，并记录采矿、地质、水文地质情况以及地表裂缝形态和变化情况。

依据《建筑物、水体、铁路及主要井巷煤柱留设与压煤开采规范》（安监总煤装〔2017〕66 号），一般情况下，观测程序可参照表 2.6。为了保证所获得观测资料的准确性，每次观测应在尽量短的时间内完成，特别是在移动活跃阶段，水准测量必须在1d 内完成，并力争做到水准测量和平面测量同时进行。

表 2.6　　　　　　　　　　　　　　　观　测　程　序

观测时间	观测内容	观测时间	观测内容
设站后	与矿区控制网连测	地表移动活跃期	全面观测、加密水准测量
采动影响前	全面观测	地表移动衰退期	水准测量
地表移动初始期	水准测量	地表移动稳定后（6 个月内地表各点的下沉均小于 30mm）	全面测量

2.4.2　变形测量

1. 全面观测

观测点埋设好后，一般需要 15d 达到稳定。在观测站地区被采动之前，为了准确地确定工作测点在地表移动开始前的空间位置，应对地表观测站的全部测点进行全面观测。全面观测的内容，包括测定各测点的平面位置和高程等。根据煤矿测量规程对地表观测站的观测要求，全面观测采用 E 级 GPS 静态控制测量方案。本项目 E 级GPS 静态控制测量共使用 5 台海星达 H32 全能型 GNSS RTK 系统，如图 2.4 所示。

全面测量在各测站点上的接收卫星信号数据时间一般大于 1h。高程采用大地高程。全面观测得出的数据作为观测站的原始观测（又称为初次观测）数据。同时，按实测数据将各测点展绘到观测站设计平面图上。

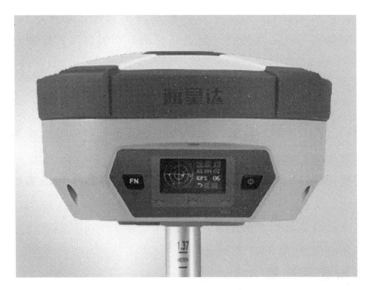

图 2.4 海星达 H32 全能型 GNSS RTK 系统

为了确定移动稳定后地表各点的空间位置，需要在地表稳定后进行最后一次全面观测。

2. 日常观测工作

日常观测工作，指的是首次和末次全面观测之间适当增加的测量工作，为判定地表是否已开始移动，在回采工作面推进一定距离（相当于 $0.2\sim0.5$ 平均开采深度 H_0）后，在预计可能首先移动的地区，选择几个工作测点，每隔几天进行一次测量，如果发现测点的累计下沉量大于 10mm 时，即认为地表已经开始移动。

在移动过程中，日常观测工作全部采用 GPS 观测，直接测定观测点的空间三维坐标，通过数据处理的方法，求其移动变形值。每次观测基准站布设于工作基点上。GPS 观测采用静态定位模式，在每一测点上，每一时段接收卫星信号，一般采集数据大于 50min。

重复测量的时间间隔，视地表下沉的速度而定，一般是 $1\sim2$ 个月观测一次。在移动的活跃阶段（地表每月下沉值大于 50mm），还应在下沉较大的区段，增加观测次数。

在采动过程中，不仅要及时地记录和描述地表出现的裂缝位置、宽度的变化，塌陷的形态和时间，还要记载每次观测时工作面开采的相应位置、实际采出厚度、工作面推进速度、顶板陷落情况、煤层产状、地质构造、水文条件等有关情况。

为了保证所获得观测资料的准确性，观测站的各项观测应在尽量短的时间内完成，特别是在移动活跃阶段，观测应在 1d 内完成。

　　需要注意，在观测过程中，应定期监测控制点的变化，如发现控制点发生位移，应把控制点作为观测点与其他观测点一起进行监测，而另行布置控制点。

2.4.3　观测成果的检查和计算

　　(1) 每次观测后应及时进行检查。如发现粗差或超限，应及时重测，直到全部观测数据符合要求为止。

　　(2) 各点高程计算时先进行平差，然后计算高程，并将所得的各点的高程填入综合计算表中。

　　(3) 计算各点间沿观测线方向的水平距离。

2.4.4　移动和变形计算

　　观测数据经过整理改正后，便可计算测线上各测点的移动变形情况。移动变形主要包括：各点的下沉和水平移动，相邻两测点间的倾斜和水平变形，相邻两段（或相邻三点）的曲率变形等。各移动和变形值按式（2-3）～式（2-9）计算。

　　(1) m 次观测时 n 点的下沉计算式为

$$W_n = H_{n0} - H_{nm} \tag{2-3}$$

式中　W_n——地表 n 点的下沉值，mm；

H_{n0}、H_{nm}——地表 n 点在首次和 m 次观测时的高程，m。

　　(2) 相邻两点的倾斜计算式为

$$i_{n \sim n+1} = \frac{W_{n+1} - W_n}{l_{n \sim n+1}} \tag{2-4}$$

式中　W_{n+1}、W_n——地表点 n 和 $n+1$ 号点的下沉值，mm；

　　　　$l_{n \sim n+1}$——地表 $n \sim n+1$ 号点间的水平距离，m。

　　(3) n 号附近的曲率，即 $n-1 \sim n+1$ 号点之间的曲率计算式为

$$K_{n+1 \sim n \sim n-1} = \frac{i_{n+1 \sim n} - i_{n \sim n-1}}{\frac{1}{2}(l_{n+1 \sim n} + l_{n \sim n-1})} \tag{2-5}$$

式中　$i_{n+1 \sim n}$、$i_{n \sim n-1}$——$n+1 \sim n$ 号点和 $n \sim n-1$ 号点的倾斜，mm·m^{-1}；

　　　　$l_{n+1 \sim n}$、$l_{n \sim n-1}$——分别表示 $n+1 \sim n$ 号点和 $n \sim n-1$ 号点的水平距离，m。

　　(4) n 号点的水平移动计算式为

$$U_m = L_{nm} - L_{n0} \tag{2-6}$$

式中　U_m——地表 n 点的水平移动，mm；

L_{nm}、L_{n0}——分别表示首次观测和 m 次观测时地表 n 点至观测线控制点间的水平距离，用点间距累加求得，m。

（5）$n \sim n+1$ 号点间的水平变形计算式为

$$\varepsilon_{n+1 \sim n} = \frac{(l_{n+1 \sim n})_n - (l_{n+1 \sim n})_0}{(l_{n+1 \sim n})_n} \qquad (2-7)$$

式中　$(l_{n+1 \sim n})_0$、$(l_{n+1 \sim n})_n$——分别表示 $n+1 \sim n$ 号点在首次观测时和 n 次观测时的水平距离，m。

（6）n 号点的下沉速度计算式为

$$V_n = \frac{W_{nm} - W_{nm-1}}{t} \qquad (2-8)$$

式中　W_{nm-1}、W_{nm}——分别表示 $m-1$ 次和 m 次观测时 n 点的下沉值，mm；

　　　　t——两次观测的间隔天数，d。

（7）n 号点的横向水平移动计算式为

$$U'_n = y_{mm} - y_{n0} \qquad (2-9)$$

式中　y_{mm}、y_{n0}——分别表示第 m 次观测和首次观测时 n 号点的直线值。

其中，横向水平移动是垂直于观测线方向的水平移动，计算时注意正负号。

第 3 章

建（构）筑物变形监测点的布设

3.1　观测对象概况

本次建（构）筑物的观测对象为22618工作面上方距离开切眼1300m左右处的皮带运输走廊及其相关附属建筑物。由于该工作面开采到皮带运输走廊附近将会对其产生采动损害，拟对皮带运输走廊及其相关附属建筑物进行变形观测工作。

3.2　技术要求

1. 观测项目

根据变形观测的相关规范要求和观测对象的特点，初步设置了变形观测点的数量和位置，其工作量计划见表3.1。

表 3.1　　　　　　　　　　　　观 测 项 目 内 容

序号	观测项目	布置位置	总点数/个	观测次数
1	房屋变形	各房屋的承重柱和拐角处	9	视变形情况而定
2	皮带走廊	皮带支柱基础	12	视变形情况而定

2. 观测工期及频率

根据22618工作面的实际开采情况，观测工期为从皮带开始受采动影响到该处地表移动变形趋于稳定。拟定每周观测一次，观测周期内若出现变形过大超过容许变形值或接近极限变形值时应进行加密观测。

3.3　皮带运输走廊基础监测点设置

为监测皮带运输走廊基础的移动变形，在其基础上共设计了13个监测点，各点坐标见表3.2。皮带运输走廊基础监测点的平面位置分布如图3.1所示。

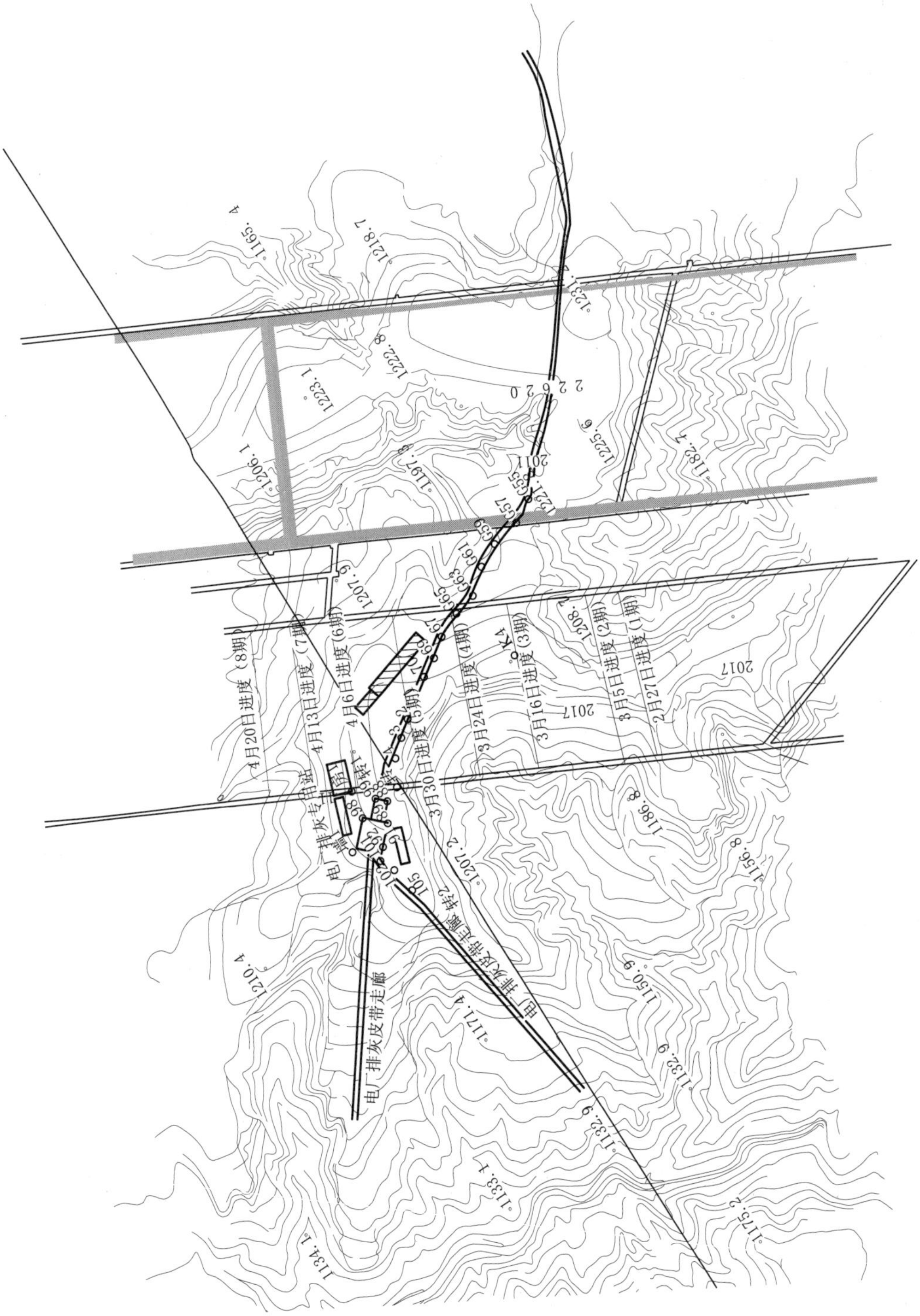

图 3.1　皮带运输走廊基础监测点的平面位置分布

表 3.2　　　　　　　　　　　皮带运输走廊基础监测点坐标

编　号	X 坐标	Y 坐标
G55	37594167.782	4196804.342
G57	37594158.173	4196821.487
G59	37594153.861	4196843.947
G61	37594145.234	4196861.330
G63	37594130.558	4196878.557
G65	37594126.326	4196895.970
G67	37594118.013	4196914.529
G69	37594107.737	4196927.855
G70	37594100.099	4196941.598
1	37594088.962	4196956.390
2	37594080.289	4196968.913
3	37594071.235	4196980.278
4	37594060.797	4196992.227

3.4　机房监测点设置

为监测皮带头机房的采动损害,在机房的基础上共设置了 9 个监测点,其坐标及与房屋的平面位置关系分别如图 3.2 和表 3.3 所示。

表 3.3　　　　　　　　　　　皮带头机房监测点平面坐标

编　号	X 坐标	Y 坐标
88	37594037.5480	4197014.339
89	37594023.5260	4197022.903
91	37594015.6770	4197030.590
92	37594010.6520	4197035.500
101	37594003.0030	4197042.598
Q1	37594020.0780	4197057.111
98	37594037.2750	4197036.898
99	37594044.0500	4197020.961
F1	37594058.3420	4197033.286

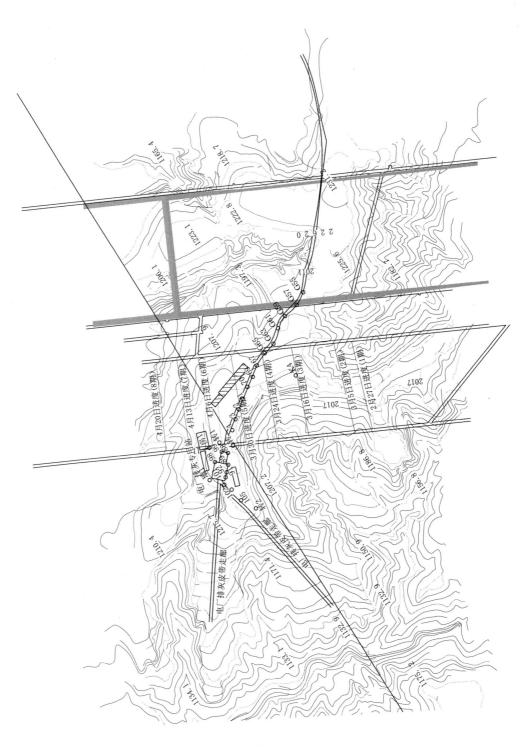

图 3.2　房屋监测点平面位置分布

3.5 测量方案与仪器选用

3.5.1 仪器选用

（1）按《建筑物、水体、铁路及主要井巷煤柱留设与压煤开采规范》（安装总煤装〔2017〕66 号）中规定，本次采用地面一级导线测量，测角中误为 5″级进行测量。

（2）仪器选用徕卡 TS06 全站仪，其标称精度为 2mm＋2ppm.D。

（3）为保证测量精度，测量人员固定为 5 人，分工明确。1 人观测仪器，1 人记录（记录人员要反复校对前视后视水平角差值和竖直角差值），前视 2 人、后视 1 人。

3.5.2 施测方法

根据现场情况，本次导线的布设形式：附合导线、复测支导线及碎部测量。

（1）本次选用 3 个控制点，28 个临时性（监测）标志点。

附合导线从已知控制点 K1 和已知方向 K2－K1 出发，经过 K4 点附合到 1 号、2 号点，起到检核作用。然后通过 K4 点采用复测支导线形式把数据传输到转 1、转 2、转 3 点上，通过 3 个转点进行其他下沉观测点的碎部测量。

（2）根据现场情况，导线为附合导线与复测支导线。采用三架法测量，边长均采用光电测距，采用测回法观测水平角，左角采用前-后-后-前，右角采用后-前-前-后。每站采用一次对中，2 个测回；若边长小于 15m 时，每站采用 2 次对中，4 个测回。

（3）导线测量的主要技术指标如下：

光电测距导线的主要技术要求应符合表 3.4～表 3.7 的规定。

表 3.4 水平角的观测限差不超过表格要求

仪器级别	半测回归零差/(″)	一测回内 2C 互差/(″)	同一方向值各测回互差/(″)
DJ1	6	9	6
DJ2	8	13	9

表 3.5 光电测距导线的水平角技术要求

仪器等级	测回数/个	左＋右－360 差/(″)	上下半测回差/(″)	测角中误差/(″)	方位角闭合差/(″)
1 级	2	≤±10	≤±10	≤±5	≤±10$\sqrt{n}$

注 n 为测站数。

表 3.6 光电测距竖直角的技术要求

等级	仪器等级	测回数/个	竖直角互差/(″)	指标差互差/(″)
一级	1 级	2	≤±10	≤±10

表 3.7 光电测距的测距技术要求

等级	导线长度/km	测回数/个	测距中误差/mm	相对误差	导线全长相对闭合差
1 级	5	4	≤±5	≤±30000	≤±20000

（4）导线边长测量要求每条边的测回数不得少于 2 个，一测回读 4 个读数，一测回读数较差不大于 10mm，单程测回间较差不大于 15mm，往返观测同一边长时，化算为水平距离后的互差不得大于 1/6000。

（5）水准测量及限差要求。采用四等水准测量，施测时水准仪置于两尺之间，使前、后视距大致相等，这样可以消除由于水准管轴与视准轴不平行所产生的误差。读取前、后视读数前应使水准管气泡居中，读数后应注意检查气泡位置，如气泡偏离，则应调整，重新读数。视线长度一般以 15～40m 为宜。每站用 2 次仪器高观测，2 次仪器高之差应大于 10cm，其相邻两点高差的互差不应大于 5mm 限差，应在施测时认真检核，如不符合，立即重测。最后取 2 次仪器高测得的高差平均值作为一次测量结果。平巷中采用 S3 级水准仪进行测量，每站采用 2 次仪器高观测，用 3m 塔尺，各段水准线路往返高差的闭合差应不大于 $\pm 50\sqrt{L}$ mm（L 为水准线路长度）。

（6）三角高程测量及观测精度要求。采用三角高程测量，三角高程垂直角采用中丝法对向观测每站一个测回，仪器高和觇高程应用小钢卷尺在观测前、后各量 1 次，2 次丈量结果不得超过 4mm，最终取平均值为丈量结果，丈量仪器高时，使望远镜竖直，量出测点至镜上中心的距离。三角高程测量必须进行往返测量，相邻两点往返测量的高差互差不应大于（$10+0.3L$）mm（L 为导线水平边长，m）；各段三角高程测量往返高差的闭合差不得超过 $\pm 100\sqrt{L}$ mm（L 为导线的总长度）。

第 4 章

地表岩移观测数据分析

4.1 实测概述

根据《建筑物、水体、铁路及主要井巷煤柱留设与压煤开采规范》（安监总煤装〔2017〕66 号）对地表开采沉陷的观测要求，本次研究于 2016 年 4 月 8—9 日对 22618 工作面地表开采沉陷进行了全面观测；随工作面的推进，还分别于 2016 年 5 月 17—19 日、2016 年 6 月 19—22 日、2016 年 8 月 12—13 日、2016 年 9 月 15—17 日、2016 年 11 月 3—5 日、2017 年 2 月 14—16 日、2017 年 3 月 24—26 日、2017 年 5 月 7—9 日以及 2017 年 9 月 3—4 日进行了 10 次地表移动变形观测。

4.2 地表沉陷分析

4.2.1 地表下沉盆地角量参数求取

图 4.1～图 4.3 分别为走向观测线地表动态下沉曲线、工作面左侧倾向观测线地表动态下沉曲线以及工作面右侧倾向观测线地表动态下沉曲线。从图 4.1 可知，最大下沉值为 1438mm，结合图 2.3 可知最大下沉点为 A19；2017 年 9 月 3 日，地表下沉已趋于稳定；在盆地底部，地表沉陷曲线之所以不是平底，主要是受山区地形的影响，A19 位于凌空垂直边坡的根部，是雨水易冲刷之处，在湿陷性黄土和采矿的协

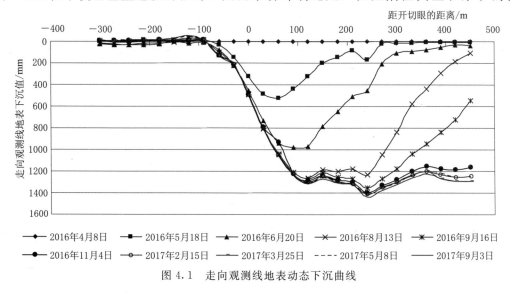

图 4.1 走向观测线地表动态下沉曲线

同作用下，导致其地表下沉比预期相邻点 A18 下沉略大；A20 和 A21 位于斜坡上，在山体滑移的影响下其下沉值也略大；A15、A16 和 A17 均位于梯田的平台上。因此，基于观测点所在位置的特点、实测结果，可知地表下沉最大值为 1438mm，距离开切眼 240m 处。

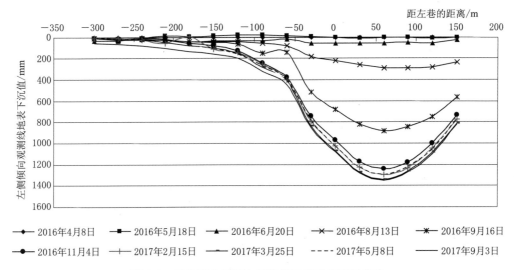

图 4.2　工作面左侧倾向观测线地表动态下沉曲线

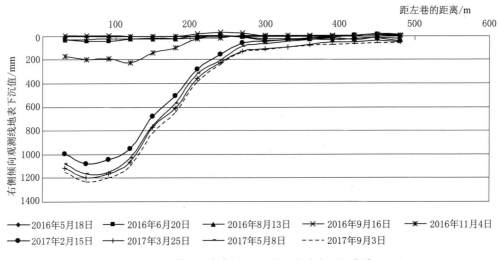

图 4.3　工作面右侧倾向观测线地表动态下沉曲线

根据矿山开采沉陷学的一般规定，判断地表沉陷是否处于活跃阶段的临界值是 50mm/月。分析走向观测线最大下沉点的实测数据可知（图 4.4），地表最大下沉点的活跃期为 2016 年 4 月 24 日—10 月 25 日，历时 184d。

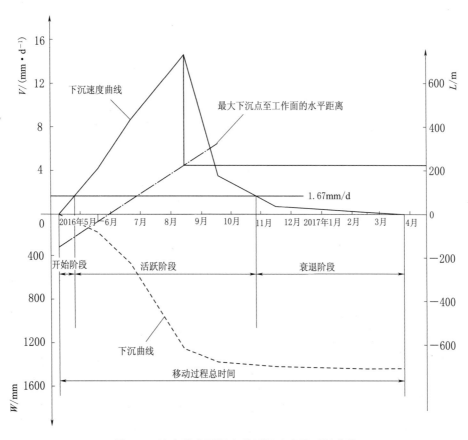

图 4.4　地表最大下沉点的下沉速度及下沉曲线

1. 充分采动角

在充分采动条件下，在地表移动盆地的主断面上，移动盆地平底的边缘在地表水平线上的投影点距开切眼的距离为 240m，采深为 430m。因此，走向充分采动角为

$$\psi_3 = \arctan\left(\frac{430}{240}\right) = 61°$$

2. 最大下沉角

所谓最大下沉角是指在倾斜主断面上，由采空区的中点和地表移动盆地的最大下沉点在地表水平上的投影点的连线与水平线之间在煤层下山方向一侧的夹角。

由图 4.2 和图 4.3 可知左侧倾向线最大下沉点距离下山边界 60m 处，右侧倾向观测线最大下沉点距离下山边界也是 60m，表明地表最大下沉点位于采空区左侧距离其中央 30m 处，表明地表最大下沉点距离。因此，可知 22618 工作面地表下沉最大点位于距离下山边界 60m 左右处，又因为工作面倾向宽度为 180m，可知最大下沉角为

$$\theta = \arctan\left(\frac{430}{30}\right) = 86°$$

3. 超前影响角与超前影响距

根据走向监测数据可知，地表超前影响距为 150m，22618 工作面平均采深为 430m，由式（4 - 1）可计算得超前影响角。

$$\omega = \text{arccot}\,\frac{l}{H_0} \tag{4-1}$$

式中　l——超前影响距；

H_0——平均采深。

经计算可得超前影响角 $\omega = 71°$。

4. 最大下沉速度滞后距及其滞后角

由图 4.1 可知地表最大下沉点为 A19，根据 A19 的监测数据可绘制出地表最大下沉点的下沉速度和下沉曲线，如图 4.4 所示。随着工作面的推进，地表最大下沉速度和回采工作面之间相对位置基本不变，最大下沉速度点也有规律地向前移动。可以发现，当地表达到充分采动后，在地表下沉速度曲线上，最大下沉速度总是滞后于回采工作面一个固定距离，此固定距离称为最大下沉速度滞后距，用 L 表示。把地表最大下沉速度点与相应的回采工作面进行连线，此连线和煤层（水平线）在采空区一侧的夹角，称为最大下沉速度滞后角，用 Φ 表示，其计算式为

$$\Phi = \arctan\frac{H_0}{L} \tag{4-2}$$

由图 4.4 可知，22618 工作面最大下沉速度滞后距为 228m；平均采深为 430m，所以可得最大下沉速度滞后角 $\Phi = 62°$。

从图 4.4 可以看出，地表最大下沉点的最大下沉速度为 14.46mm/m。

5. 边界角

边界角是指在充分采动或接近充分采动条件下，地表移动盆地主断面上盆地边界点至采空区便捷的连线与水平线在煤柱一侧的夹角称为边界角。由图 4.1 走向观测线观测数据可知，走向边界至采空区开切眼边界的距离为 150m，由图 4.2 左侧倾向观测线数据可知，下山边界距离采空区左侧边界的距离为 300m，由图 4.3 右侧倾向观测线可知，上山边界距离采空区右侧边界的距离为 210m。基于以上数据和边界角的定义，由反正切函数可以分别计算出走向边界角 $\delta_0 = 71°$、下山边界角 $\beta_0 = 55°$ 和上山边界角 $\gamma_0 = 64°$。

6. 移动角

移动角是指在充分采动或接近充分采动的条件下，地表移动盆地主断面上 3 个临界变形值中最外边的一个临界变形值点至采空区边界的连线与水平线在煤柱一侧的夹角称为移动角。

走向观测线地表各期倾斜、曲率和水平变形分别如图 4.5～图 4.7 所示。

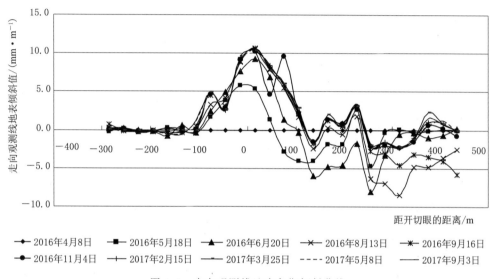

图 4.5　走向观测线地表各期倾斜曲线

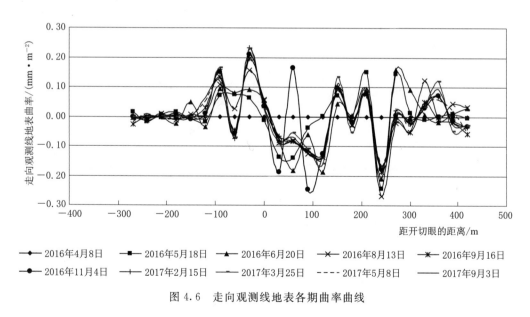

图 4.6　走向观测线地表各期曲率曲线

由图 4.5 可知，地表最大正倾斜值为 10.5mm/m，最大负倾斜值为 −8.5mm/m，

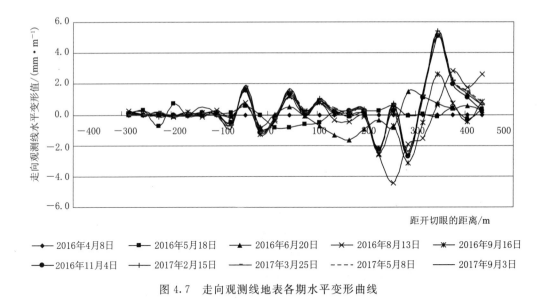

图 4.7　走向观测线地表各期水平变形曲线

地表倾斜值为 3mm/m 的点位于开切眼外侧 90m 处。由图 4.6 可知，地表最大正曲率值为 0.23mm/m²，最大负曲率值为 -0.27mm/m²，地表曲率值为 0.2mm/m² 的点，位于开切眼外侧 40m 左右。由图 4.7 可知，地表最大正水平变形值 5mm/m，最大负水平变形值为 -4mm/m，地表水平变形值为 2mm/m 的点位于开切眼外侧 75m 处。

综合以上内容，走向移动角 $\delta = \arctan\left(\dfrac{430}{90}\right) = 78°$。

左侧倾向观测线地表各期倾斜、曲率和水平变形曲线分别如图 4.8～图 4.10 所示。

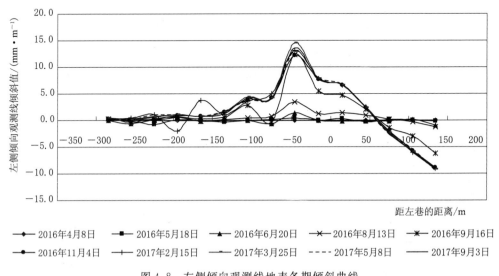

图 4.8　左侧倾向观测线地表各期倾斜曲线

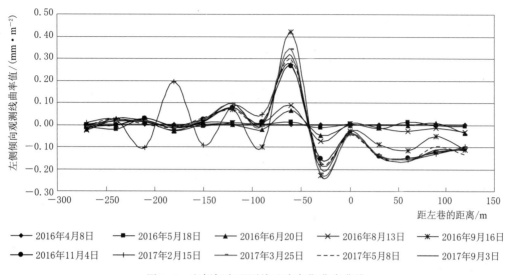

图 4.9　左侧倾向观测线地表各期曲率曲线

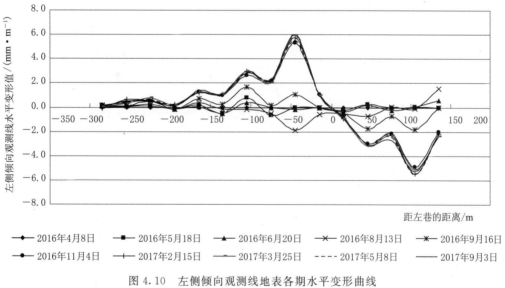

图 4.10　左侧倾向观测线地表各期水平变形曲线

由图 4.8 可知，左侧倾向观测线地表最大正倾斜为 14.5mm/m，最大负倾斜值为 -9.6mm/m，地表倾斜值为 3mm/m 的点位于下山边界外侧 110m 处。由图 4.9 可知，左侧倾向观测线地表最大正曲率值为 0.42mm/m^2，最大负曲率为 -0.23mm/m^2，地表曲率值为 0.2mm/m^2 的点，位于下山边界外侧 75m 左右。由图 4.10 可知，左侧倾向观测线地表最大正水平变形 5.9mm/m，最大负水平变形为 -5.5mm/m，地表水平变形为 2mm/m 的点位于下山边界外侧 120m 处。综合以上内容，下山移动角 $\delta = \arctan\left(\dfrac{430}{120}\right) = 74°$。

右侧倾向观测线地表倾斜、曲率和水平变形曲线分别如图 4.11～图 4.13 所示。

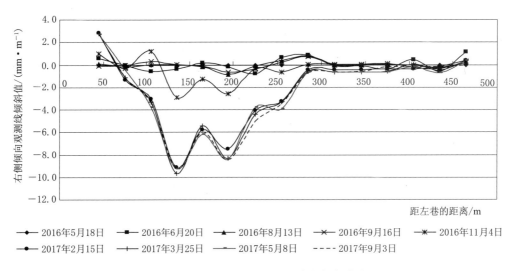

图 4.11　右侧倾向观测线地表各期倾斜曲线

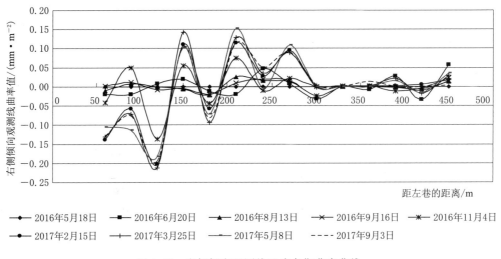

图 4.12　右侧倾向观测线地表各期曲率曲线

由图 4.11 可知，地表最大正倾斜为 2.8mm/m，最大负倾斜值为 −9.7mm/m，地表倾斜值为 3mm/m 的点位于下山边界外侧 260m 处。由图 4.12 可知，地表最大正曲率值为 0.14mm/m²，最大负曲率值为 −0.21mm/m²，地表曲率值为 0.2mm/m² 的点，位于工作面内。由图 4.13 可知，地表最大正水平变形为 2.3mm/m，最大负水平变形为 −8.1mm/m，地表水平变形为 2mm/m 的点位于下山边界外侧 260m 处。综上可得，下山移动角 $\delta = \arctan\left(\dfrac{430}{80}\right) = 79°$。

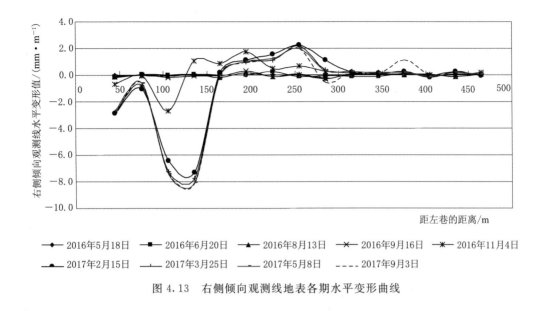

图 4.13　右侧倾向观测线地表各期水平变形曲线

4.2.2　概率积分法预测参数求取

下沉值为最大下沉值一半的点位于距离开切眼 22m 处，因此，拐点偏移距为 22m，得到：

（1）采动区达到充分采动的临界开采宽度为 $2\times240\text{m}=480\text{m}$。

（2）主要影响半径 $r=240-22=218\text{m}$。

（3）主要影响角正切值 $\tan\beta=\dfrac{430}{218}=1.97$。

（4）工作面平均采厚 3.2m，走向观测线地表最大下沉值为 1438m，将其换算到主断面上以后为 1515mm。

由此，根据以上实测数据、工作面的地质采矿条件以及式（4-2）计算得出下沉系数 $q=0.78$。

$$q=\frac{W_m}{m\cos\alpha\sqrt[k]{n_1 n_2}} \tag{4-3}$$

其中，

$$n_1=\frac{D_1}{D_{01}}$$

$$n_2=\frac{D_2}{D_{02}}$$

式中　q——下沉系数；

　　　W_m——最大下沉值；

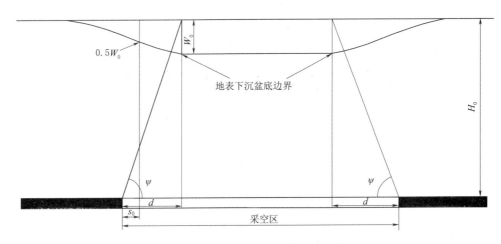

图 4.14　地表下沉盆地剖面示意图

　　m——平均采厚;

　　α——煤层平均倾角;

　　k——系数,一般取 2～3;

　n_1、n_2——沿倾向和走向的充分采动程度系数;

　D_1、D_2——采空区沿倾向和走向的长度;

D_{01}、D_{02}——地表达到充分采动时采空区相应的临界长度。

　　当倾向和走向的充分采动程度系数 n_1、n_2 同时大于 1 时,地表达到充分采动,计算时取 $n_1=1$、$n_2=2$,否则为非充分采动。

　　由《建筑物、水体、铁路及主要井巷煤柱留设与压煤开采规程》（安监总煤装〔2017〕66 号）（以下简称《三下采煤规程》）可知,充分采动时,走向主断面上地表最大水平移动值与地表最大下沉值的比值称为水平移动系数,结合 22618 工作面地表移动变形的实测数据,可知地表最大下沉值为 1438mm,最大水平移动值为 305mm。因此,该地质采矿条件下的走向水平移动系数 $b_走=\dfrac{305}{1438}=0.21$。同理可得下山水平移动系数 $b_下=\dfrac{521}{1296}=0.4$,上山水平移动系数 $b_上=\dfrac{200}{1159}=0.17$。倾向水平移动系数较走向水平移动系数大,这主要是由于山区地形的影响。

　　地表开采沉陷的最大下沉角为 86°,平均煤层倾角为 4°,根据式（4-4）可得该地质采矿条件的影响传播角系数为 1.0。

$$\theta=90°-k\alpha \tag{4-4}$$

式中　k——影响传播角系数;

　　　α——煤层倾角。

第 5 章

皮带及其机头房采动损害分析

5.1 皮带采动损害分析

为准确掌握 22618 工作面的开采对其皮带运输走廊及皮带头机房的影响,镇城底矿组织相关技术人员对皮带运输走廊基础及机房进行了 11 期变形监测。监测日期分别为 2017 年 2 月 27 日、2017 年 3 月 5 日、2017 年 3 月 16 日、2017 年 3 月 24 日、2017 年 3 月 30 日、2017 年 4 月 6 日、2017 年 4 月 13 日、2017 年 4 月 20 日、2017 年 4 月 27 日、2017 年 5 月 4 日、2017 年 5 月 12 日,其分别对应的 22618 工作面开采进度如图 5.1 所示。

5.1.1 支架基础下沉对胶带运输走廊的采动损害影响分析

1. 下沉规律分析

胶带运输走廊基础监测点各期下沉曲线如图 5.2 所示(图中正值表示地表下沉,负值表示地表抬升)。通过对比 2017 年 7 月 27 日和 2017 年 11 月 18 日数据可知,截至 2017 年 11 月 18 日胶带走廊基本下沉稳定,地表最大下沉点为 G61 号点,最大下沉值为 710mm。尽管 G61 号点两侧 G63 号、G65 号、G67 号监测点和 G59 号、G57 号和 G55 号监测点分别距离 22618 和 22620 工作面采空区中心更近,但其下沉并没有G61 号监测点大。由图 5.1 可知,该点刚好位于一处山坡体上,而其两侧的 G63 号、G65 号、G67 号监测点和 G59 号、G57 号、G55 号监测点所处地势平坦,表明该处山坡体滑移对地表下沉有较大的贡献。

22618 工作面右巷外侧监测点的下沉普遍比其左侧(包括 22618 工作面采空区上方)的监测点下沉大,结合地质采矿条件分析可知,造成该现象的原因如下:一是22618 工作面右巷外侧地形较其左侧陡峭复杂,尤其是 G61 号点所在位置的坡度较其他监测点陡峭;二是在该侧有 22620 工作面老采空区的影响,且 22620 工作面采宽较22618 工作面大,22618 工作面采宽为 130m,22620 工作面采宽为 180m。

在 2017 年 3 月 24 日之前(即工作面即将开采到胶带运输走廊之前),4、3、2、1、G70 和 G69 号监测点处于抬升状态,直到 2017 年 3 月 30 日,工作面开采到胶带走廊的正下方时,地表才开始下沉。在 2017 年 4 月 20 日之前,22618 工作面采空区中央没有出现明显的下沉盆地剖面曲线,且距离老采空区越近地表下沉越明显。在2017 年 4 月 27 日以后,22618 工作面采空区上方开始出现明显的地表下沉盆地剖面

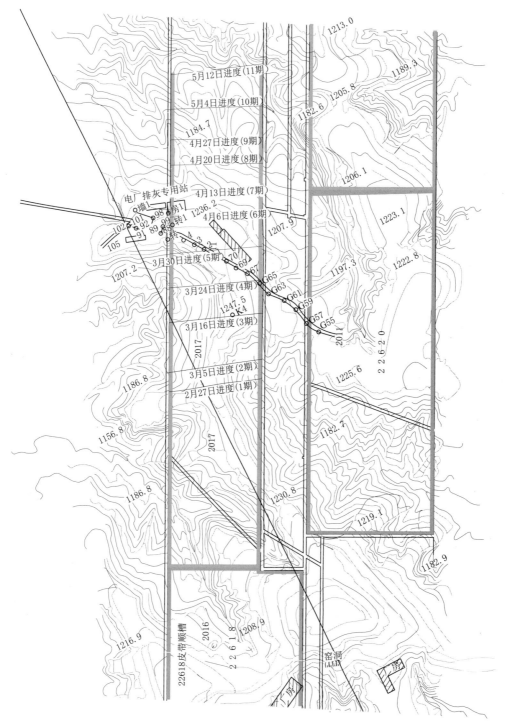

图 5.1　22618 工作面开采进度图

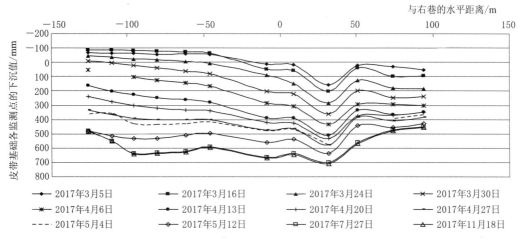

图 5.2 胶带运输走廊基础监测点各期下沉曲线

曲线，采空区中央上方地表 3 号和 4 号监测点地表下沉开始大于其两侧地表监测点下沉。这是由于采煤引起的地表沉陷是一个动态过程，当工作面开采到胶带运输走廊以前，地表朝向开切眼一侧向下倾斜，再加上山区地形的影响，从而导致了部分监测点的抬升现象，当工作面推进过胶带运输走廊之后，采矿因素逐渐起到了主导作用，地表开始逐渐下沉。

2. 下沉影响分析

由实际调研可知，尽管胶带基础最大下沉达 710mm，但在该处胶带运输走廊并未出现明显的采动损害。这是因为根据《钢结构设计规范》（GB 50017—2014），对于有轻轨（重量等于或小于 24kg/m）轨道的工作平台容许挠度为 $\dfrac{l}{400}$（其中 l 为钢结构桥梁跨度）。G59 号点和 G63 号点间的跨度为 42m，由此可知其挠度容许变形值为 105mm；而由 G59 号、G61 号和 G63 号监测点的实际下沉可知，G61 号点相对于 G59 号点和 G63 号点的相对垂向位移为 104mm，因此在该处胶带运输走廊未发生采动损害。

5.1.2 倾斜和曲率对胶带运输走廊的采动损害影响分析

研究表明采动引起的地表倾斜对底面积小、高度大的独立高耸建（构）筑物采动损害较大。采动引起的地表曲率有正、负之分，它们对建（构）筑物均有较大的采动损害影响，正曲率使建（构）筑物两端悬空，致使建（构）筑物墙体产生倒八字形裂缝（图 5.3）；负曲率使建（构）筑物基础犹如一根两端受支撑的梁，中央部分悬空，致使建（构）筑物墙体产生正八字形裂缝（图 5.4）；如果建（构）筑物的基础较小，则不会造成基础中央或两端悬空的现象，所以，曲率对底面积较小的建（构）筑物影响不大。

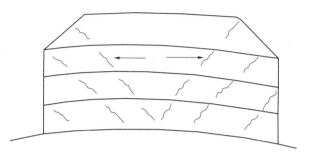

图 5.3　正曲率对建（构）筑物的采动损害

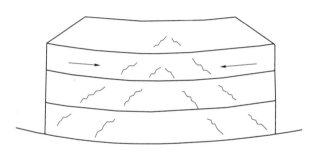

图 5.4　负曲率对建（构）筑物的采动损害

由《三下采煤规程》（安监总煤装〔2017〕66 号）可知桥式天车的轨道地表（地基）容许和极限变形值见表 5.1。

表 5.1　　　　　　　　　桥式天车轨道的地表（地基）容许和极限变形值

桥式天车轨道	容许变形值			极限变形值		
	$\varepsilon/(\mathrm{mm \cdot m^{-1}})$	$i/(\mathrm{mm \cdot m^{-1}})$	R/km	$\varepsilon/(\mathrm{mm \cdot m^{-1}})$	$i/(\mathrm{mm \cdot m^{-1}})$	R/km
横向	$\dfrac{35H}{m_\varepsilon Lh}$	5				
纵向		6	6			

注　H—柱子由基础底面到上部结构支座的高度，m；

　　h—柱子由天车轨道到上部结构支座的高度，m；

　　L—桥式吊车的跨度，m；

　　m_ε—工作条件系数。

根据监测获得的胶带走廊基础下沉值，可计算出地表倾斜和曲率，由采煤引起的沿胶带走向方向最大倾斜为 $-7.3\mathrm{mm/m}$，位于 G61 号监测点和 G63 号监测点之间，最大曲率为 $-0.48 \times 10^{-3}/\mathrm{m}$（曲率半径为 2.08km），位于 G61 号点附近。对照表 5.1 可知，最大倾斜和曲率半径均已超过了其容许变形值，但该处胶带运输走廊并未出现明显的采动损害。其主要原因如下：①尽管较大的倾斜会引起高耸建（构）筑物的局部应力集中，从而造成相应的采动损害，但在沿胶带运输走廊走向方向，由于胶带走廊为钢结构建（构）筑物，各部分之间有较强的相互支撑，且 G59 号到 G61 号点的倾斜为 2.9mm/m，G61 到 G63 号点的倾斜为－3.8mm/m，均未超过表 5.1 中的容许变形值，所以倾斜变形对沿胶带运输走廊走向方向上的采动损害影响并不明显；②胶带运输走廊由支架支撑，其基础底面积较小，尽管该处曲率出现了比较大的曲率，但也并未对胶带运输走廊造成明显的采动损害；③最大倾斜和曲率变形未超过其极限变形。这表明该类由支架支撑的钢结构胶带运输走廊受地表倾斜和曲率变形采动影响不敏感。

5.1.3 水平位移与水平变形对胶带走廊采动损害的影响分析

不均衡的水平位移将造成一定的水平变形，水平变形有正负之分，正值表示拉伸变形，负值表示压缩变形。地表水平变形对长度较大的建（构）筑物破坏作用很大，尤其是拉伸变形的影响。由于建（构）筑物抵抗拉伸能力远小于抵抗压缩的能力，所以较小的地表拉伸变形就能使建筑物产生开裂性裂缝。但当压缩变形较大时，建（构）筑物将产生严重的破坏，可使建（构）筑物墙壁、地基压碎，地板鼓起产生剪切和挤压裂缝，纵墙或围墙产生褶曲或屋顶鼓起，如图 5.5 所示。

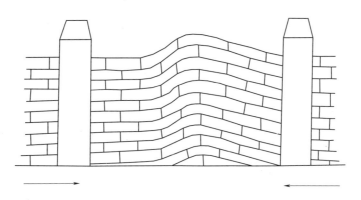

图 5.5 压缩变形对建（构）筑物的影响

1. 沿胶带运输走廊走向方向

图 5.6 为沿胶带运输走廊走向监测点各期水平位移情况。由图可知，截止到 2017 年 11 月 18 日，地表水平位移已基本稳定，最大水平位移为 4 号监测点，位于 22618 工作面左巷上方地表内侧 14m 处，达 383mm，位于 22618 工作面的拉伸区；从 2017 年 3 月 5 日—4 月 20 日，胶带基础监测点的水平位移基本上都是向左的；监测点沿胶带走向水平移动自 2017 年 4 月 27 日以后（工作面开采过胶带 150m），均沿胶带方向向

右位移，之前均沿胶带方向向左移动。以上表明，在沿胶带运输走廊方向上，地表移动初期，地形对地表移动变形的影响较大，后期采矿对地表移动变形的影响较大。

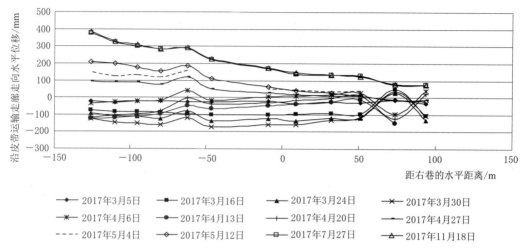

图 5.6 沿胶带运输走廊走向监测点各期水平位移曲线

尽管有些监测点，如 G70 及其右侧的监测点，虽然位于 22618 工作面右巷上方地表的内侧和外侧，但其水平移动方向仍然是向右的，特别是 G70 号监测点向右移动比 1 号监测点较大，这表明重复开采 22618 工作面情况下，22620 工作面的残余变形以及右侧山体的滑移影响对 G70 号及其右侧的监测点的水平位移起决定性的作用。

通过计算可知，地表最大水平变形为 -4.3 mm/m，位于 G70 号和 G69 号监测点之间。该处胶带走廊距离地表很近，即 H 非常小；由表 5.1 可知，该处胶带走廊的允许变形值非常小。因此，在该处易造成胶带走廊较严重的压缩变形，如图 5.7 所示。

2. 垂直胶带运输走廊走向方向

图 5.8 为垂直胶带运输走廊走向监测点各期水平位移情况，由该图可知，截止到 2017 年 11 月 18 日，该方向上的水平位移已基本稳定，最大水平位移为 4 号监测点，位于 22618 工作面左巷上方地表内侧 14m 处，达 354mm；从 2017 年 3 月 5 日到 2017 年 4 月 20 日，胶带基础监测点的水平位移基本上都是向开切眼方向发生位移；由各监测点所处的地形可知，监测点 4、3、2、1、G70 和 G69 均位于同一个平顶的山顶上，且均位于 22618 工作面采空区正上方地表，自 2017 年 4 月 27 日以后（此时工作面已推进过胶带走廊 150m），均垂直胶带走向向停采线方向位移，其他监测点仍然向开切眼一侧水平移动；从 2017 年 4 月 27 日后，4、3、2、1 和 G70 号监测点垂直于胶带方向的水平位移较大，且距离山体边界越近，相对水平位移越大。这进一步表明，地形对垂直于胶带走廊方向的水平位移有较大的影响，采矿对其影响具有一定的滞后

(a)

(b)

图 5.7　地表水平变形致使胶带运输走廊产生的压缩变形

性，滞后影响距为 150m，而且采矿对采空区内侧的影响大，外侧的影响小，这种对各监测点水平位移量影响的不协调性易造成严重的采动损害。

根据图 5.8 监测点沿垂直胶带运输走廊走向方向的水平位移值，可计算出地表最大水平变形为 −6.6mm/m，也位于 G70 号和 G69 号监测点之间。由以上分析可知，该处水平变形已经远超过地表的容许变形值，垂直于胶带走廊方向的水平变形，也必将进一步加剧沿胶带走廊方向的压缩采动损害。

综上所述，由于胶带走廊属于大型带状建（构）筑物，长度较长，水平变形对胶带走廊的采动较大，尤其是在胶带走廊支架离地面较低的地段，其采动损害更加明显。

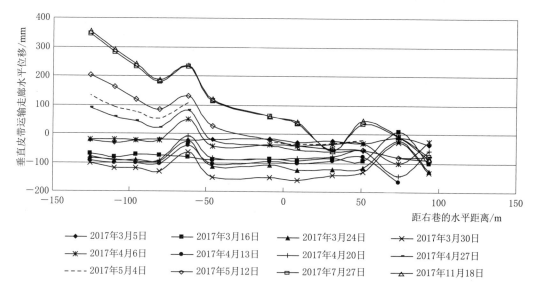

图 5.8　垂直胶带运输走廊走向监测点各期水平位移

5.1.4　减缓胶带运输走廊采动损害的措施研究

1. 采取井下技术措施减少胶带走廊所受变形

可以采用部分开采、充填开采以及协调开采等方法，以减小采动损害。充填开采需要上新设备，协调开采搬迁劳动强度大，二者均需要花费较大的人力和物力，比较可行的是采用部分开采方法，即将工作面变窄的同时，也减小采厚。镇城底矿 22618 工作面开采就采用了该方法，将工作面由原来的 180m 缩减为 130m，采厚由原来的 3.2m 减为 2.3m，有效地减小了采动损害。

2. 采取井上技术措施增大胶带走廊的抗变形能力

可解开支架与基础之间的固定螺栓，卸载地表不均匀沉降引发的结构应力，并在支架底端加轨枕支撑，抵消不均匀沉陷变形；在支架周边挖变形补偿沟，减小压缩变形对支架的采动损害；设置变形缝，"缩短"胶带走廊的长度，增大其抗变形能力；根据预测结果，找出水平变形较严重的位置，设置滑动层，减少水平变形影响，如果滑动层设置适当，可极大地减少胶带走廊的水平变形，使传递到胶带走廊的水平变形与地表水平变形无关。

5.2 皮带头机房采动损害分析

5.2.1 皮带头机房沉降监测分析

由图5.9和图5.10机房监测点沉降情况可知，距离22618工作面采空区越近，房屋地基下沉越严重；截至2017年11月18日，机房沿房屋前墙走向的倾斜为5.8mm/m，后墙倾斜为4.1mm/m，最大曲率为$0.1 \times 10^{-3}/m$；以上数据表明尽管机房基础的曲率较小，没有达到"三下采煤规程"中给定的临界变形值，但其倾斜值已经超过临界值，机房地基下地表的曲率可能已经超过给定的临界变形值，这是由于机房是框架结构，其地基局部必然承受着应力集中现象。机房采动损害现场如图5.11所示。

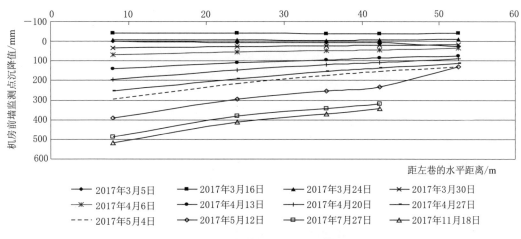

图 5.9 机房前墙监测点沉降曲线

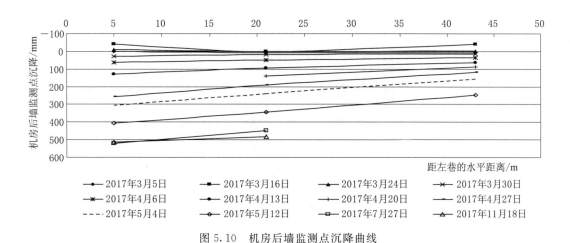

图 5.10 机房后墙监测点沉降曲线

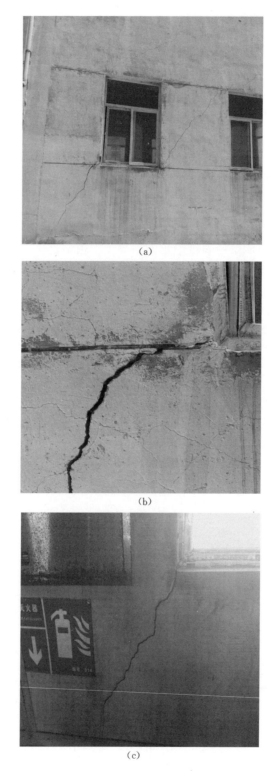

图 5.11　机房采动损害现场

5.2.2 机房水平位移

5.2.2.1 机房前墙走向水平位移

由图 5.12 和图 5.13 可知，2017 年 3 月 5—30 日（工作面开采到皮带的正下方），受采矿和山体滑移的影响，各监测点向左移动；2017 年 4 月 6 日—11 月 18 日，各监测点开始逐渐向右移动，表明工作面开采到皮带正下方以后再往前开采，机房前墙沿机房走向的水平位移受 22618 工作面的开采影响要大于山体滑移的影响。另外，各期监测点的水平位移量基本一致，说明机房水平变形的采动损害影响较小。

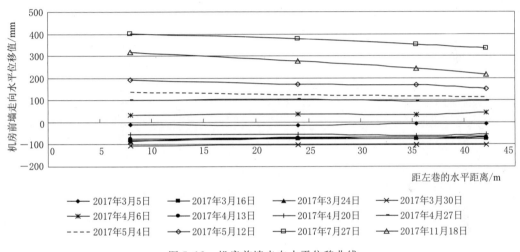

图 5.12　机房前墙走向水平位移曲线

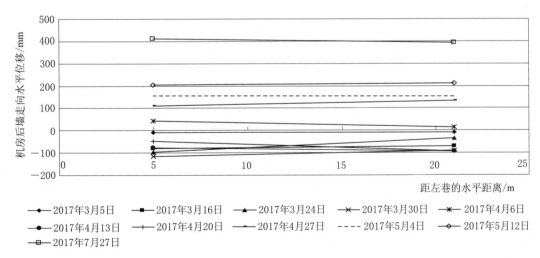

图 5.13　机房后墙走向水平位移曲线

5.2.2.2　机房右墙横向水平位移

由图 5.14 和图 5.15 可知，2017 年 3 月 5—30 日（工作面开采到皮带的正下方），受采矿和山体滑移的影响，各监测点向左移动；2017 年 4 月 6 日—5 月 12 日，各监测点开始逐渐向开采线一侧移动，表明工作面开采到皮带正下方以后再往前开采，机房右墙沿机房横向的水平位移受 22618 工作面的开采影响要大于山体滑移的影响。另外，各期监测点的水平位移量基本一致，再次表明机房受采动损害影响较小。

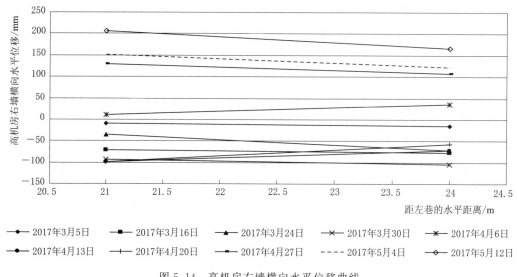

图 5.14　高机房右墙横向水平位移曲线

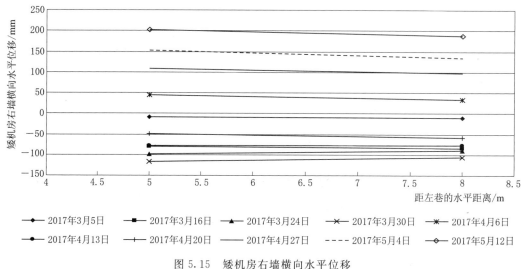

图 5.15　矮机房右墙横向水平位移

第 6 章

覆岩与地表采动损害
数值模拟实验

6.1 研究内容

为进一步研究黄土沟壑山区地表移动变形规律与发生机理，以及 22618 工作面开采对其上方地表兴能电厂皮带运输走廊的采动损害机理。本研究以 22618 工作面的地质采矿条件为工程背景，采用有限元程序 Phase2.0，建立相应的地质仿真模型，对煤层开采过程中其覆岩与地表的应力场、位移场、和破坏场进行数值模拟，主要内容包括：

（1）沿 22618 工作面走向方向，工作面开采过程中，覆岩与地表应力场、位移场和破坏场的动态变化情况。

（2）沿皮带运输走廊走向方向，22620 工作面和 22618 工作面均开采后，覆岩与地表应力场、位移场和破坏场的发育规律。

6.2 Phase2.0 数值模拟计算程序

1. 计算程序简介

Phase2.0 是一个专门模拟地下岩体开挖工程的应力及应变的二维有限元软件。可用于模拟煤矿开采、不稳固岩体上隧道开挖、地下发电站洞室、露天采矿挖掘以及岩土体上的斜坡等问题。与其他三维软件相比，该软件具有建模简单、网格划分容易和后处理功能强大等特点，尤其在模拟地下开挖时有突出优势，可以模拟矿体的开采以及开采后对周围岩石及巷道工程的影响。Phase2.0 的主要特点如下：

（1）功能强大。Phase2.0 在解决力学特别是地质力学复杂问题方面提供了强大的功能。该软件具有一个功能强大的 2D 网格生成器，有 4 种基本形状的单元体可供选择，利用这 4 种单元体可构成任何形状的平面模型。Phase2.0 自身还设计有 6 种材料的本构模型，可用于处理不同材料的问题。

（2）应用广泛。正是因为 Phase2.0 的功能强大性，才使它在各个领域特别是地质、岩土工程领域得到了广泛的应用。该软件可广泛用于边坡稳定性、采矿、水坝设计等各个方面的研究。

（3）界面友好。Phase2.0 的操作提供了命令驱动和菜单驱动两种模式。菜单驱动模式是一种用户界面友好的人机交互方式，几乎所有的操作用户都可以通过鼠标来完成；同时，命令驱动模式为高级用户提供了快捷、方便的操作。

2. 计算步骤

Phase2.0 分析计算步骤如下：

（1）建立模型。Phase2.0 模型可通过两种方式建立：①通过菜单工具进行建模，即通过下面的小窗口输入各点的坐标值，由依次形成点—线—面的方式完成模型的建立；②通过直接导入 DXF 格式文件的方式建模，但 Phase2.0 对导入的 DXF 文件有严格的要求，针对不同的类型的线分别存为不同的层，且要求规定的线型。

（2）设置项目。主要设置模拟阶段数、单位、求解方法等。

（3）网格划分。Phase2.0 中有 4 种网格，分别为 3Noded Triangles 网格、6Noded Triangles 网格、4Noded Quadrilaterals 网格和 8Noded Quadrilaterals 网格。节点数越多，求解精度越高，相应的求解时间也越长，一般根据具体要求而定。

（4）施加载荷。载荷主要有初始应力、线载荷及分布载荷等。

（5）定义约束条件。约束条件主要有 3 种，分别为 X 约束、Y 约束和 X、Y 全约束，可根据具体情况选择。

（6）定义属性。属性主要包括材料属性、线属性、锚杆属性及节理属性等。

（7）计算。

（8）后处理。Phase2.0 具有强大的后处理功能，能方便、快捷显示应力、应变、位移及强度系数等，并且可以采用各种显示方式，比如等值线、云图、矢量图以及坐标曲线图等。

6.3　模型建立

1. 22618 工作面开采几何模型

由于 22618 工作面走向长度为 2092m，倾斜宽度分别为 180m 和 130m。地面高程为 1135.00～1250.00m，工作面高程为 721.00～800.00m，平均采深 430m 左右。如果模型包括 22618 工作面的全部长度，将会大大增加模型的计算量，并影响模拟结果的显示效果。为既不影响模型的计算效率和模拟结果显示效果，又能全面、客观地反映岩层与地表的移动变形实际，模拟 22618 工作面开采的模型走向长度取为 600m。综合考虑煤层及其围岩分布特点以及开采沉陷岩层移动角等因素，最终确定该模型的尺寸为 1600.0m×483.2m，模型共划分为 3398 个单元，1828 个节点。为更好地模拟工作面附近由于开采引起的岩层应力场、位移场和破坏场的发育规律，对工作面附近的网格进行了加密处理，模型底部限制水平移动和垂直移动，侧边限制水平移动，上边界是地表，为自由边界。22618 工作面开采模型与计算网格如图 6.1 所示。

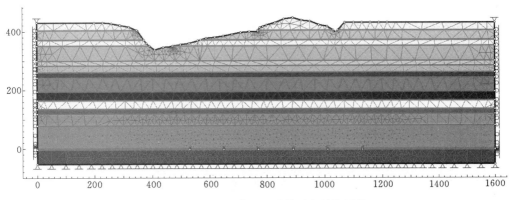

图 6.1　22618 工作面开采模型与计算网格

2. 沿皮带走向剖面几何模型

为揭示皮带运输走廊受 22618 工作面和 22620 工作面的采动损害机理，本研究拟建立沿皮带走向剖面的计算模型，模拟受 22618 工作面和 22620 工作面的开采影响，皮带基础及其下部覆岩的应力场、位移场和破坏场发育规律。同样，综合考虑煤层及其围岩分布特点以及开采沉陷岩层移动角等因素，最终确定该计算模型的尺寸为 1500.0m×483.2m，模型共划分 5268 个单元，2716 个节点。为更好地模拟工作面附近由于开采引起的岩层应力场、位移场和破坏场发育规律，对工作面附近的网格进行了加密处理，模型底部限制水平移动和垂直移动，侧边限制水平移动，上边界是地表，为自由边界。沿皮带走向剖面模型与计算网格如图 6.2 所示。

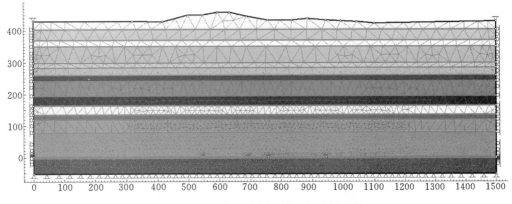

图 6.2　沿皮带走向剖面模型与计算网格

6.4　计算模型选择

根据矿区地质综合柱状图可知，研究区覆岩以砂岩为主，岩石在不同围压条件下，具有明显的弹塑性变形特征，岩石破坏形式包括塑性破坏、拉破坏和剪切破坏。因此，该计算采用摩尔-库伦本构模型。

6.5　岩层物理力学参数选取

本研究拟选取的镇城底矿岩层力学参考参数见表 6.1。

表 6.1　　　　　　　　　　　　　镇城底矿岩层力学参考参数

岩层号	岩层名称	岩层厚度 /m	密度 /(kg·m⁻³)	弹性模量 /MPa	泊松比	黏聚力 /MPa	摩擦角 /(°)	抗拉强度 /MPa
1	黄土层	26	1800	10	0.3	0.02	15	0.02
2	卵砾河流石	33	2450	1550	0.2	1.2	22	1.6
3	砂质泥岩	20.5	2600	2200	0.25	3.5	24	2
4	细粒砂岩	51	2520	1850	0.23	3	25	2.5
5	砂质泥岩	16	2600	2200	0.25	3.5	24	2
6	粉砂岩	24	2680	2100	0.23	3.4	25	2.4
7	砂质泥岩	17.5	2600	2200	0.25	3.5	24	2
8	粉细砂岩	47	2675	1980	0.23	3.4	25	2.5
9	砂质泥岩	31	2600	2200	0.25	3.5	24	2
10	粉细砂岩	29	2675	1980	0.23	3.4	25	2.5
11	砂质泥岩	16	2600	2200	0.25	3.5	24	2
12	粉细砂岩	40	2675	1980	0.23	3.4	25	2.5
13	泥岩砂岩互层	79	2650	2125	0.26	3.3	24	2.4
14	煤层	3.2	1290	1290	0.3	1.2	22	1.6
15	粉细砂岩	50	2675	2100	0.23	3.4	25	2.4

6.6　模拟计算过程

本研究涉及内容有：①22618 工作面开采覆岩与地表沉陷规律及机理；②22618

和 22620 两个工作面的开采对皮带运输走廊地基的采动损害影响。

围绕以上两个方面，本研究拟采取方案如下：

（1）方案一：模拟 22618 工作面开采过程中，其走向主断面覆岩与地表应力场、位移场和破坏场的发育规律。

（2）方案二：模拟 22620 和 22618 工作面的开采，沿皮带运输走廊剖面覆岩与地表应力场、位移场和破坏场的发育规律。

6.7　方案一的模拟结果分析

6.7.1　覆岩应力场发育规律

煤层开采前岩层在初始地应力场的作用下处于原始平衡状态，一旦存在开挖行为必将破坏这种平衡状态，系统会通过岩体变形破坏、应力转移等手段逐步形成新的平衡状态。随着工作面的推进，围岩破坏范围不断扩大，应力不断释放并转移，工作面周围岩体成为主要承压区，承担采空区上方大部分岩体自重及构造应力。

图 6.3～图 6.5 给出了 22618 工作面分别推进到 120m、360m 以及 600m 时沿走向方向覆岩与地表平均应力场随工作面推进度的变化关系。工作面推进过程中，在工作面两侧一定范围内形成了压应力集中区，在采空区正上方一定范围内形成了应力降低区，再向上又出现了一定程度的应力集中现象，即在采空区上方形成"平均应力拱"。且随采空区面积的增大，应力集中范围和程度也不断增大。这是由于煤层采出以后直接顶垮落，岩层破断，导致应力释放，在直接顶中只存在较小的残存拉应力，在往上为裂隙带和弯曲带，由于采空区两侧覆岩向采空区移动，从而造成老顶应力集中以及采空区两侧煤壁平均应力不断增大，当采空区宽度达到充分采动以后煤壁两侧平均应力趋于稳定。

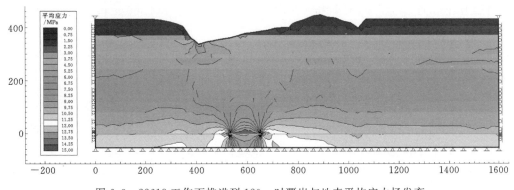

图 6.3　22618 工作面推进到 120m 时覆岩与地表平均应力场发育

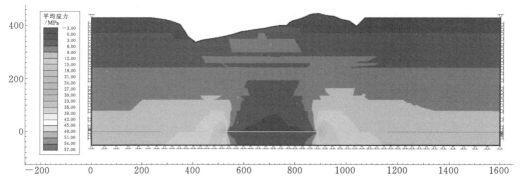

图 6.4　22618 工作面推进到 360m 时覆岩与地表平均应力场发育

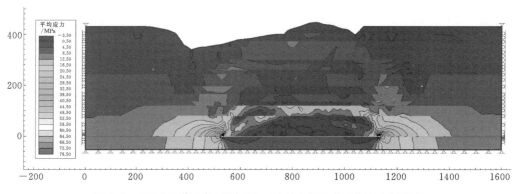

图 6.5　22618 工作面推进到 600m 时覆岩与地表平均应力场发育

6.7.2　覆岩位移场发育规律

随着岩体应力的不断转移和传递，上覆岩层也在不断通过移动或变形方式释放能量，煤层开采后岩体移动主要表现为周围岩体向采空区移动，上覆岩层的自重引起顶板向下移动，工作面侧壁和底板的移动主要由煤层采出后，采空区的卸荷和水平应力共同作用引起。图 6.6～图 6.8 为工作面分别推进到 120m、360m 和 600m 时覆岩与地表垂向位移发育规律。

地表沉陷方面，由图 6.6 可知，工作面开采到 120m 时，地表下沉最大位置不是位于采空区正上方，而是位于陡峭的山坡体顶部边缘，说明此时的最大下沉不是由于煤层开采的影响，而是山体地形影响的结果；此时采空区地表下沉量为 16mm，说明地表下沉刚启动。工作面开采到 360m 时，地表最大下沉量为 945mm，位于采空区中间正上方，表明采煤对地表沉陷的影响已经大于地形的影响了。随着工作面的推进，地表沉陷继续增大，且最大下沉点也不断向前移动，工作面开采到 600m 时，地表下沉量为 1540mm，位于采空区的正上方地表。覆岩沉陷方面，当工作面开采较小时，

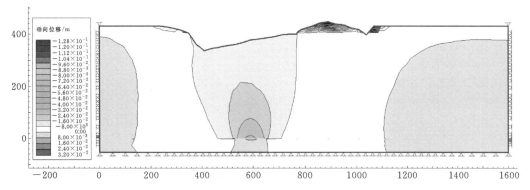

图 6.6　22618 工作面推进到 120m 时覆岩与地表垂向位移场发育

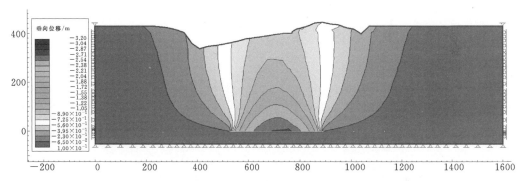

图 6.7　22618 工作面推进到 360m 时覆岩与地表垂向位移场发育

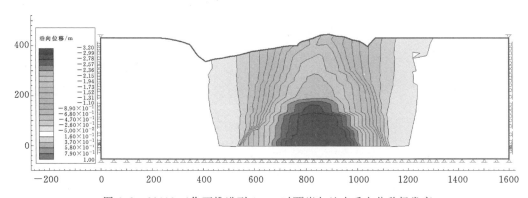

图 6.8　22618 工作面推进到 600m 时覆岩与地表垂向位移场发育

整个覆岩的移动变形也较小，随工作面的不断开采，整个覆岩的移动变形在广度和深度上也逐渐变大。

图 6.9～图 6.11 分别为工作面推进到 120m、360m 和 600m 时覆岩与地表的水平位移。从图 6.9 中可以看出，在开采初期，山坡体处地表水平位移较大，随工作面开采的推进，尽管覆岩水平位移逐渐增大，但山坡体处的水平位移依然最大，说明地形

地貌对水平位移的影响较大。工作面开采到 360m 时，覆岩的水平位移相对于采空区基本对称，但当工作面开采到 600m 时，覆岩内部水平位移开始出现了不对称现象，这可能是山体荷载的影响所致。

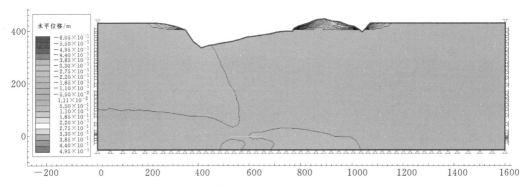

图 6.9　22618 工作面推进到 120m 时覆岩与地表水平位移场发育

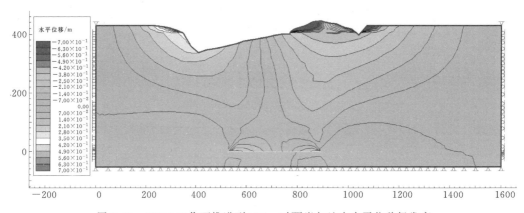

图 6.10　22618 工作面推进到 360m 时覆岩与地表水平位移场发育

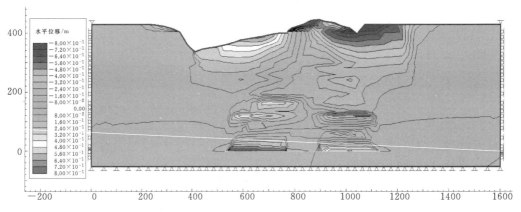

图 6.11　22618 工作面推进到 600m 时覆岩与地表水平位移场发育

6.7.3 覆岩破坏场发育规律

图 6.12～图 6.14 分别给出了 22618 工作面开采到不同程度时走向主断面覆岩破坏场发育过程。在不同推进度时工作面煤壁两侧主要发生剪切破坏，采空区正上方主要发生拉伸破坏。在破坏场发育过程中，始终以"马鞍形"发育。其主要原因如下：

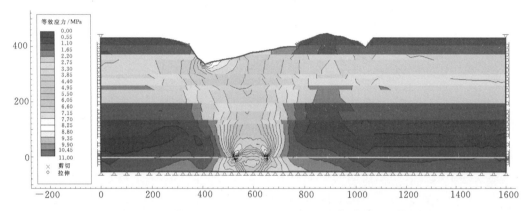

图 6.12　22618 工作面推进到 120m 时覆岩与地表等效应力和破坏场发育

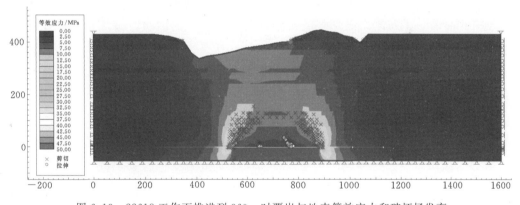

图 6.13　22618 工作面推进到 360m 时覆岩与地表等效应力和破坏场发育

（1）由于煤层水平，顶板的冒落岩块在采空区底板上就地堆积，冒落发展到一定程度后，冒落岩块将采空区及冒落岩层本身空间填满，开采空间及冒落岩层本身空间全部消失，此时，冒落过程即自行停止。因此，在采厚、岩体大体相同的条件下，采空区中央部分冒落带和导水裂隙带的高度是相等的。

（2）采场永久开采边界上方岩层内总是出现最终稳定的静态变形。它可以达到应有的最大变形值，而场区中央上方岩层内，由于不存在永久开采边界，只是出现动态变形。它一般都达不到应有的最大变形值。因此，采空区边界上方岩层的变形值总是大于采空区中央上方岩层的变形值。故采空区边界上方导水裂隙带的高度也总是大于

71

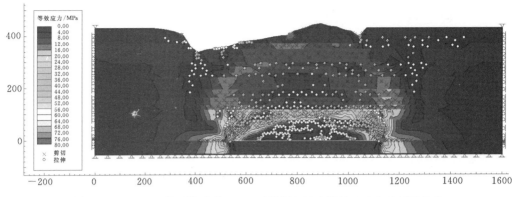

图 6.14 22618 工作面推进到 600m 时覆岩与地表等效应力和破坏场发育

采空区中央上方导水裂隙带的高度。

（3）在回采作业区范围内，由于工作面端部和中部覆岩的支撑条件不同，所以在冒落发生和发展过程中，覆岩的下沉速度和下沉量也不同。一般是工作面中部的覆岩下沉速度和下沉量大于工作面前后端覆岩的下沉速度和下沉量。覆岩下沉速度和下沉量越大，开采空间因覆岩下沉而减少的分量越多，冒落带、导水裂隙带高度也就相应地减少了。

从实验结果可知，破坏场的发育规律始终与覆岩的等效应力发育一致。当工作面推进到 120m 时，上覆岩层破坏仅波及到煤层上方较小的区域，破坏形式在煤壁两侧主要是剪切破坏。在煤层底板有拉伸破坏迹象，这是因为煤层采出以后底板卸载，底板产生了稍微的向上隆起，引起了拉伸破坏，但破坏深度较小。当工作面推进到 360m 时，在工作面煤壁两侧剪切破坏发育的高度有所增加，采空区正以剪切破坏为主，地表出现了小部分剪切破坏。当工作面开采到 600m 时覆岩破坏已与地表联通，剪切破坏主要发生在煤壁两侧上方的冒落带内和地表陡峭区域，采空区正中央以及弯曲带和导水裂隙带内以拉伸破坏为主。即沿"等效应力拱"容易出现剪切破坏，其上部和内部主要发生拉伸破坏。

6.8　方案二的模拟结果分析

6.8.1　覆岩等效应力和破坏场发育规律

图 6.15 为 22618 工作面和 22610 工作面开采共同作用下，沿皮带运输走廊走向剖面覆岩与地表等效应力和破坏场发育情况。可以看出，22618 工作面和 22620 工作面各自形成的等效应力拱在裂隙带和冒落带内并未联成一体，由于 22620 工作面的宽

度较 22618 工作面的开采宽度大，22620 工作面采空区上方的等效应力发育高度也较 22618 工作面高，说明 22620 工作面的破坏范围和程度比 22618 大，实际上从覆岩的破坏场发育情况也证实了该点，主要破坏形式为剪切破坏。其主要分布在等效应力包围的区域内。地表未发生明显的剪切或拉伸破坏。

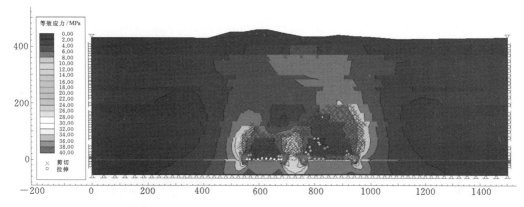

图 6.15　沿皮带运输走廊走向剖面覆岩与地表等效应力和破坏场发育

6.8.2　覆岩位移场发育规律

图 6.16 为 22618 和 22620 工作面开采共同作用下，沿皮带运输走廊走向剖面覆岩与地表垂向位移发育的情况。由图 6.16 可知，地表最大垂向位移为 1535mm，发生在两工作面间煤柱右侧上方地表，与实测数据基本一致，比单采 22618 工作面地表下沉值大 20mm。其主要原因如下：①22620 工作面的开采宽度较 22618 大，且 22618 工作面的开采对 22620 来说是重复采动；②22618 工作面上方地表较 22620 工作面上方地表高，在工作面上方形成了一个小边坡，在采煤和多重因素影响下，容易发生滑移。

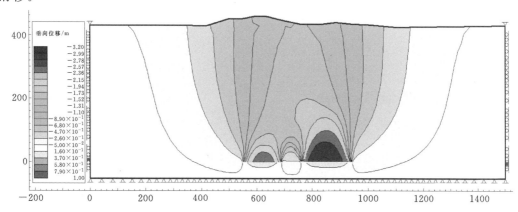

图 6.16　沿皮带运输走廊走向剖面覆岩与地表垂向位移发育

　　图 6.17 为 22618 工作面和 22620 工作面开采共同作用下，沿皮带运输走廊走向剖面覆岩与地表水平位移的发育情况。由图 6.17 可知，地表最大水平位移发生在 22618 工作面采空区右侧地表的一个边坡上，这与地表的地形和 22620 采空区有关：①地表有坡度容易发生滑移；②覆岩与地表容易向采厚较厚、采空区较大的方向发生水平位移。22620 工作面煤壁两侧水平位移较 22618 工作面水平位移大，这也与采空区的采厚有关。从实验结果看，覆岩整体水平位移偏向 22620 工作面采空区上方，原因同上。另外，由水平变形的定义可知，水平变形是指相邻两点的水平移动差值与两点间水平距离的比值。它反映相邻两测点间单位长度的水平位移差值。因此，在正、负水平移动最大值与 0 值之间已发生水平变形，将会对建（构）筑物造成挤压或拉伸变形，本书第 5 章中介绍的皮带运输走廊发生的挤压变形就是由于该原因造成的。

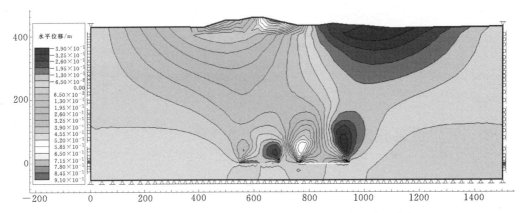

图 6.17　沿皮带运输走廊走向剖面覆岩与地表水平位移发育

第 7 章

地表移动变形预计

7.1 预计方法的选择

目前关于岩层与地表移动变形的预计方法如下：

（1）理论方面。以连续固体力学理论为基础建立起来的预计方法和以随机介质理论为基础建立起来的预计方法。其中有以弹性力学为基础的有限元法、威布尔分布法和概率积分法等。概率积分法在我国煤矿开采预计中应用最为广泛。

（2）实地观测和经验总结方面。有些煤矿建立了自己的地表移动观测站，通过对实测数据综合分析，采用数学模型拟合计算，建立了适合本矿区的地表移动变形预计方法。其中有特殊曲线法、负指数函数法等。但是该方法的适用面小。

（3）实验室方面。通过实验室的模型模拟研究预计开采后地表的移动变形。其中有相似材料模型、光弹模型和沙箱模型等。但是该方法的成本较高。

在上述的众多地表移动变形预计方法中，概率积分法在我国是应用最为普遍，且认可度最高的方法之一。本研究采用地表移动变形预计采用概率积分法。

7.2 概率积分法的基本原理

概率积分法将岩体看成是由无数个单元体堆积而成，单元体完全松散且与岩性无关，依据的是非连续介质的力学理论，岩体移动过程视为一个随机事件，运用概率论的知识推算出移动变形事件的发生概率，并用概率来表示移动变形的可能性。概率积分法把采空区岩体看作非连续介质模型从而进行计算，在采空区移动过程中，该理论模型把介质作为大小及质量相同的小球，这些球被放在大小相同的正方体内，当有小球被移走时，在重力作用下上层小球逐级由下而上向下滚动，相邻小球滚入下层正方体内的概率相等并由此推导出覆岩和地表移动、形变的解析式。其表达式中的参数有：水平移动系数 b、地表下沉系数 q、开采影响传播角 θ、主要影响角正切 $\tan\beta$ 和拐点偏距 s。由于概率积分法没有考虑岩土体的结构和岩土体的岩性，因此该方法方便快捷，当岩土体结构简单时，结果准确，得到较为广泛的应用。但是当岩土体结构复杂时，其结果误差较大。概率积分法理论模型如图 7.1 所示。

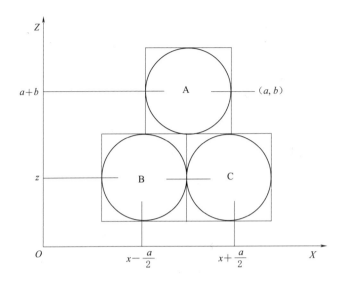

图 7.1　概率积分法理论模型

7.2.1　半无限开采走向主断面移动和变形的预计

由图 7.2 可知，当 $s>0$ 的煤层已经全厚采出；而 $s<0$ 的煤层全都没有开采，这种情况就称为半无限开采。

如果工作面上开采单元的 X 轴的坐标为 s，采空区地表任意一点的 X 轴坐标为 x，可以推导出地表任意一点的沉陷量为 $W_e(x-s)$，用 $(x-s)$ 替代 x，可以推导出该单元开采后地表产生的沉陷量。因此，得出半无限开采引起的地表任意一点的沉陷 $W_u(x)$ 为

$$W_u(x)=\int_0^\infty W_e(x-s)\mathrm{d}s \tag{7-1}$$

采空区地表沉陷盆地的沉陷公式为

$$W_e(x)=\frac{1}{r}\mathrm{e}^{-\pi\frac{x^2}{r^2}} \tag{7-2}$$

将式（7-2）代入式（7-1）得到

$$W_u(x)=\int_0^\infty \frac{1}{r}\mathrm{e}^{-\pi\frac{(x-s)^2}{r^2}}\mathrm{d}s \tag{7-3}$$

令采空区煤层平均开采厚度为 m，则采空区被采空区覆岩沉陷填充，如果为水平采空区，采空区上顶板的沉陷量为 mq，其中 q 为下沉系数，下沉系数一般比 1 小；若煤层为倾斜，倾角为 α，上顶板收到倾角的影响，其下沉量为 $mq\cos\alpha$。对于地表任意一点，假设其横坐标为 x，沉陷量 $W(x)$ 为单位开采厚度所引起该点的沉陷量

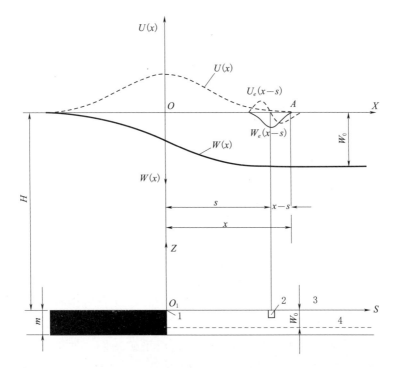

图 7.2 半无限开采时地表的下沉和水平移动

1—实际煤壁；2—沉陷后顶板位置；3—开采单元；4—沉陷前顶板位置

$W_u(x)$ 的 $mq\cos\alpha$ 倍。若令

$$W_0 = mq\cos\alpha \qquad (7-4)$$

推导出

$$W(x) = W_0 \int_0^\infty \frac{1}{r} e^{-\pi \frac{(x-s)^2}{r^2}} ds \qquad (7-5)$$

通过概率积分法可得到

$$W(x) = \frac{W_0}{2} \left[erf \left(\frac{\sqrt{\pi}}{r} x \right) + 1 \right] \qquad (7-6)$$

$$erf \left(\frac{\sqrt{\pi}}{r} x \right) = \frac{2}{\sqrt{\pi}} \int_0^{\sqrt{\frac{\pi}{r}} x} e^{-u^2} du \qquad (7-7)$$

式 (7-6) 即为倾向达到充分采动时，走向半无限开采引起走向主断面的地表移动变形预计公式。

(1) 沿 x 轴地表表达式为

$$i(x) = \frac{w_0}{r} e^{-\pi \frac{x^2}{r^2}} \qquad (7-8)$$

(2) 沿 x 轴地表曲率表达式为

$$K(x) = -\frac{2\pi w_0}{r^3} x e^{-\pi\frac{x^2}{r^2}} \tag{7-9}$$

（3）沿 x 轴的地表水平移动表达式为

$$U(x) = bri(x) = bW_0 e^{-\pi\frac{x^2}{r^2}} \tag{7-10}$$

（4）沿 x 轴的地表水平变形表达式为

$$\varepsilon(x) = brk(x) = -\frac{2\pi bW_0}{r^2} x e^{-\pi\frac{x^2}{r^2}} \tag{7-11}$$

（5）地表最大下沉值表达式为

$$W_0(x) = mq\cos\alpha \tag{7-12}$$

7.2.2　地表移动和变形预计参数的意义和计算

概率积分法预计走向主断面的地表移动和变形，预计时所用到的参数为下沉系数 q，主要影响半径 r，拐点偏移距 s 和水平移动系数 b，这些参数在实际应用中应根据实测资料来确定，从而预计出符合开采的实际地质采矿条件，如果没有实测资料而无法确定相关点数时，可以根据经验数据进行计算。

1. 下沉系数 q 的确定

$$q = \frac{W_0}{m}\cos\alpha \tag{7-13}$$

式中　W_0——在能用走向和倾向均可达到在充分采动时，观测站实际测得的最大下沉值；

　　　　m——煤层的法向采厚度，m；

　　　　α——倾角，（°）。

2. 主要影响半径 r 和主要影响角正切 $\tan\beta$ 的确定

由于半无限开采的影响，除了沉陷量，地表移动变形范围在 $\pm r$ 之内。因此称 r 为主要影响半径，如图 7.3 所示。

将 $x = \pm r$ 的地表点与采空区开采边缘连接，水平线和连线所夹的锐角 β 称为主要影响角，其正切 $\tan\beta$ 称为主要影响角正切值，其计算公式为

$$\tan\beta = \frac{H}{r} \tag{7-14}$$

由于主要影响角正切值不像 r 那样随采深 H 的变化而变化，方便进行不同监测数据的对比，因此一般使用 $\tan\beta$ 作为概率积分法的参数。根据我国几十年来积累的

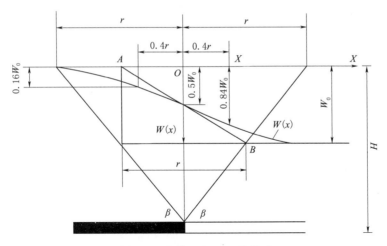

图 7.3 参数 r 和 $\tan\beta$ 的关系

经验，得出了根据覆岩性质判断概率积分法参数的取值范围，方便在对采空区预计时进行使用。

3. 拐点偏移距和水平移动系数的确定

如图 7.4 所示，根据半无限开采的实测下沉曲线 $W(x)$ 可确定 $W(x)$ 的拐点 D，

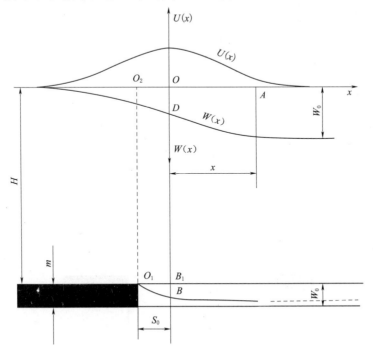

图 7.4 移动和变形曲线的偏移

A—地表上任意一点；B—假设的采空区开采边缘；O_1—实际采空区开采边缘；C—采空区
顶板影响终点；D—拐点；1—沉陷前顶板的位置；2—沉陷后顶板的位置

将该拐点投影到计算边界 B_1 上求得开采边界和预计边界之间的长度 S_0。根据 S_0 与采空区在水平投影的位置判断 S_0 取值的正负。如果两者在水平面上的投影是包含关系则 S_0 为正值，如果两者在水平面上的投影是相离关系则 S_0 为负值。

另外一种求取下沉曲线拐点的方法是依据拐点的性质，即地表最大水平移动距离与地表最大沉陷值之比，见式（7-15）。假如有采空区的移动变形监测资料就可以通过该式求取该采空区的水平移动系数，也可以根据采空区覆岩性质和经验判断水平移动系数，我国采空区水平移动系数一般在 0.1~0.4 之间。

$$b = \frac{U_0}{W_0} \tag{7-15}$$

7.2.3　有限开采走向主断面移动和变形的预计

如图 7.5 所示，当开采 C 点到 $x=+\infty$ 的 E 点之间的全部煤层，则引起的地表下沉 $W(x)$ 可以采用半无限开采的计算式（7-8）~式（7-12）求得；若开采 D 和 E 之间的煤层，其引起的地表下沉也可以采用式（7-8）~式（7-12）求得；但是由于纵坐标的平移，要用 $x-l$ 值代替 x 值代入式（7-8）~式（7-12）中进行计算，即其引起的地表下沉可表示为 $W(x-l)$。计算边界 CD 之间的煤层的开采可以认为等效于上述 2 个半无限开采之差，则其引起的地表下沉为 $W(x)-W(x-l)$。对于其他移动和变形计算，也可以作出同样的分析。

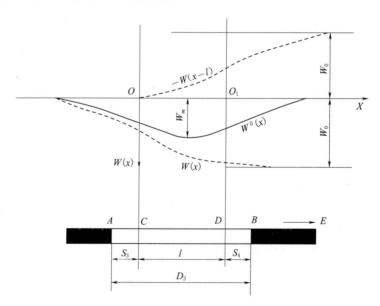

图 7.5　有限开采时地表走向主断面的移动和变形

通过以上分析，可以得到在走向主断面上进行有限开采的移动变形预计式为见

$(7-16) \sim (7-20)$。

（1）沿 x 轴的地表下沉公式为

$$W^0(x) = W(x) - W(x-l) \tag{7-16}$$

（2）沿 x 轴的地表倾斜公式为

$$i^0(x) = i(x) - i(x-l) \tag{7-17}$$

（3）沿 x 轴的地表曲率公式为

$$K^0(x) = K(x) - K(x-l) \tag{7-18}$$

（4）沿 x 轴的地表水平移动公式为

$$U^0(x) = U(x) - U(x-l) \tag{7-19}$$

（5）沿 x 轴的地表水平变形公式为

$$\varepsilon^0(x) = \varepsilon(x) - \varepsilon(x-l) \tag{7-20}$$

7.2.4　有限开采倾向主断面移动和变形的预计

如图 7.6 所示，令 A 和 B 为采空区的边界，由于岩土体有一定的刚度，在计算时采空区的边界往往较实际边界小，在图中的计算边界选择为 C 和 D，上山方向上的拐距为 S_1，下山方向上的拐距为 S_2。倾斜煤层下沉曲线的拐点 C，不像水平煤层拐点位于采空区地表正上方，而是向下山方向偏移，图中 O 点是倾斜煤层下沉曲线的拐点。下山方向的半无限开采引起的开采影响传播角是下山方向拐点与 O 的连线与水平面的夹角 θ_0。同理，上山方向的半无限开采引起的拐点在 O_1 点，开采影响传播角也

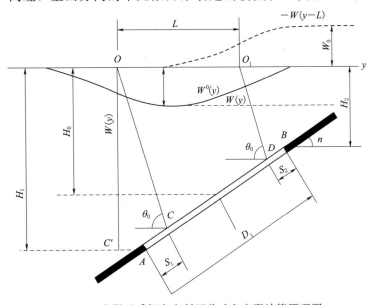

图 7.6　有限开采倾向主断面移动和变形计算原理图

83

为 θ_0。

当在倾斜方向进行有限开采，在走向方向达到充分采动时，在倾向主断面上地表移动变形预计计算公式如下：

（1）沿 y 轴的地表下沉公式为

$$W^0(y) = W(y) - W(y-L) \tag{7-21}$$

（2）沿 y 轴的地表倾斜公式为

$$i^0(y) = i(y) - i(y-L) \tag{7-22}$$

（3）沿 y 轴的地表曲率公式为

$$k^0(y) = k(y) - k(y-L) \tag{7-23}$$

（4）沿 y 轴的地表水平移动公式为

$$U^0(y) = U(y) - U(y-L) \tag{7-24}$$

（5）沿 y 轴的地表水平变形公式为

$$\varepsilon^0(y) = \varepsilon(y) - \varepsilon(y-L) \tag{7-25}$$

在式（7-21）~式（7-25）中引入式（7-27），即引入上山方向的主要影响半径 r_1 和下山方向的影响半径 r_2。

$$r_1 = H_1/\tan\beta_1, r_2 = H_2/\tan\beta_2 \tag{7-26}$$

式中　$\tan\beta_1$、$\tan\beta_2$——下山和上山方向的主要影响角正切。

式（7-21）~式（7-25）中的 L 称为倾向工作面计算长度，计算式为

$$L = \frac{(D_1 - s_1 - s_2)\sin(\theta_0 + \alpha)}{\sin\theta_0} \tag{7-27}$$

在采空区移动变形计算中，理论上应求出沿走向方向和倾向方向上的概率积分参数，但是，由于大部分采空区缺少走向方向和倾向方向上的半无限开采的监测资料，因此理论上的预计参数的求取比较困难。但可以根据非充分条件下与充分条件下参数之间的关系，进行换算。

7.2.5　地表移动盆地内任意点的移动和变形预计

1. 地表任意点的下沉

如图 7.7 所示的空间坐标系，采用概率积分法来说明图上任意点的预计原理和计算公式。

在二维的情况下，若开采单元的横坐标为 s，地表任意点 A 的横坐标为 x，则此单元开采引起的 A 点下沉为

$$W_e(x) = \frac{1}{r}e^{-\pi\frac{(x-s)^2}{r^2}} \tag{7-28}$$

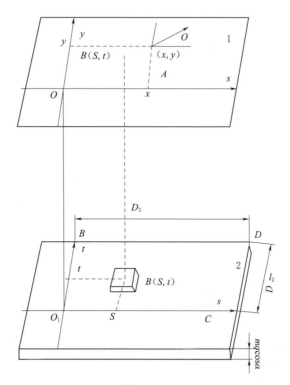

图 7.7　地表任意一点的移动变形

如果参照上面的推导，并考虑图 7.7 中的三维情况，若煤层是水平的，煤层坐标系 $t\text{-}O\text{-}s$ 和地面坐标系 $x\text{-}O\text{-}y$ 的水平投影重合，则坐标为 (s,t) 的 B 点的开采引起的地表任意的坐标为 (x,y) 的 A 点的下沉 $W_e(x,y)$ 的计算公式为

$$W_e(x,y)=\frac{1}{r^2}\mathrm{e}^{-\pi\frac{(x-s)^2+(y-t)^2}{r^2}}\qquad(7-29)$$

若煤层的顶板下沉量 $W_0=mq\cos\alpha$，开采的范围为 O_1CDE，O_1C 长为 D_3，CD 的长为 D_{1s}，则整个开采引起的 A 点的下沉按式（7-30）计算。

$$W(x,y)=W_0\int_0^{D_3}\int_0^{D_{1s}}\frac{1}{r^2}\mathrm{e}^{-\pi\frac{(x-s)^2+(y-t)^2}{r^2}}\mathrm{d}t\,\mathrm{d}s\qquad(7-30)$$

由于积分限为常数，参照式（7-6）的推导方法，式（7-30）可以转化为

$$W(x,y)=\frac{1}{W_0}[W(x)-W(x-D_3)][W(y)-W(y-D_{1s})]\qquad(7-31)$$

由于煤层是水平的，并考虑到式（7-16）~式（7-20）可知：

$$W(x,y)=\frac{1}{W_0}W^0(x)W^0(y)\qquad(7-32)$$

式中　$W^0(x)$——倾斜方向充分采动时走向主断面上横坐标为 x 的点的下沉值；

　　　　$W^0(y)$——走向方向充分采动时倾向主断面上横坐标为 y 的点的下沉值，可以

分别由式（7-16）和式（7-21）计算出来。

2. 地表任意点沿指定方向的移动和变形

与上面公式推导方法相同，假设地表任意点坐标为 $A(x, y)$，则沿某一方向 φ（φ 是从 x 轴的正向逆时针旋转到计算方向的角度）的移动变形值。

任意点 $A(x, y)$ 沿 φ 方向倾斜计算式为

$$i(x, y, \varphi) = \frac{1}{W_0}[i^0(x)W^0(y)\cos\varphi + W^0(x)i^0(y)\sin\varphi] \tag{7-33}$$

任意点 $A(x, y)$ 沿 φ 方向曲率计算式为

$$K(x, y, \varphi) = \frac{1}{W_0}[K^0(x)W^0(y)\cos^2\varphi + K^0(y)W^0(x)\sin^2\varphi + i^0(x)i^0(y)\sin2\varphi]$$

$$\tag{7-34}$$

任意点 $A(x, y)$ 沿 φ 方向水平移动计算式为

$$U(x, y, \varphi) = \frac{1}{W_0}[U^0(x)W^0(y)\cos\varphi + U^0(y)W^0(x)\sin\varphi] \tag{7-35}$$

任意点 $A(x, y)$ 沿 φ 方向水平变形见式（7-36）：

$$\varepsilon(x, y, \varphi) = \frac{1}{W_0}\{\varepsilon^0(x)W^0(y)\cos^2\varphi + \varepsilon^0(y)W^0(x)\sin^2\varphi$$

$$+ [U^0(x)i^0(y) + U^0(y)i^0(x)]\sin\varphi\cos\varphi\} \tag{7-36}$$

7.3　预计参数选取

依据对现有实测数据的分析、矿区的实际地质采矿参数以及《三下采煤规程》的相关成果推荐，本次预测参数选取见表 7.1。

表 7.1　　　　　　　　　　概 率 积 分 预 计 参 数

参 数 名 称		数 值
下沉系数		0.75
水平移动系数		0.22
主要影响角正切值		2.0
拐点偏移距	左	-22
	右	-22
	上	-22
	下	-22
开采沉陷影响传播角系数		1.0

7.4　预计结果分析

7.4.1　开采到距皮带运输走廊 200m 处地表移动变形预测

1. 下沉

从预测结果来看，工作面刚开采到保护煤柱时，皮带处地表遭受最大下沉为 30mm 左右，位于 22620 工作面上方；皮带头机房未遭受下沉影响；22618 工作面临 22620 工作面一侧皮带下方有约 50mm 长的地表遭受 10～20mm 下沉；地表最大下沉 1500mm，主要分布于采宽 180m 时的工作面中央，比实测结果略大，这是因为地表下沉还没有达到最终稳定。具体情况如图 7.8 所示。

2. 水平移动

22618 工作面上方皮带下方地表最大走向水平移动为 −30mm；22620 工作面上方皮带下方地表最大走向水平移动约为 50mm；皮带头房屋遭受 −1～−5mm 的水平移动；走向最大正水平移动为 350mm，位于开切眼上方地表内、外两侧；最大负水平移动为 −350mm，位于保护煤柱线上方地表内、外侧；22618 工作面上方皮带下方地表遭受倾向水平移动较小，22620 工作面上方皮带下方遭受倾向最大倾向水平移动约为 30mm；皮带头机房没有遭受水平移动；倾向最大正、负水平移动均达到了 550mm，均位于工作面两侧巷道正上方；具体情况如图 7.9、图 7.10 所示。

3. 倾斜

地表倾斜也未波及到皮带运输走廊及皮带头机房。走向最大正倾斜为 6mm/m，位于开切眼正上方，走向最大负倾斜为 −6mm/m，位于保护煤柱正上方；倾向最大正、负倾斜值均达到了 9mm/m，均位于工作面两侧巷道上方。具体情况如图 7.11、图 7.12 所示。

4. 曲率

地表曲率也未波及到皮带运输走廊及皮带头机房。走向方向位于开切眼一侧的最大正、负曲率均为 0.04mm/m²，最大正曲率位于开切眼外侧，最大负曲率位于开切眼内侧；走向方向位于保护煤柱线一侧的最大正曲率为 0.04mm/m²，位于保护煤柱线外侧，最大负曲率为 −0.03mm/m²，位于保护煤柱线外侧；倾向方向最大正、负倾曲

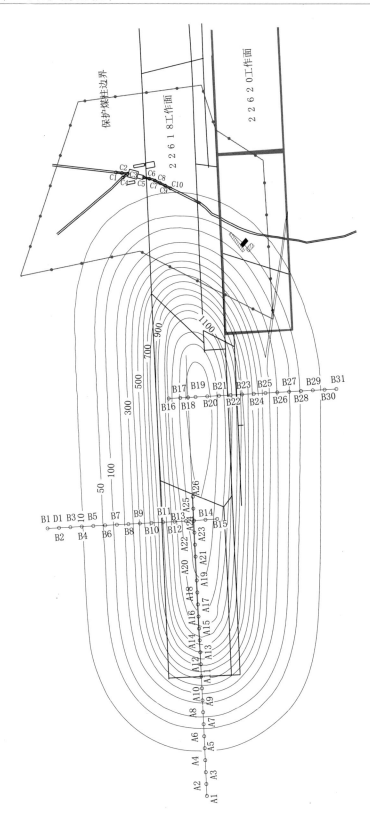

图 7.8　工作面刚开采到保护煤柱时的地表下沉预测图

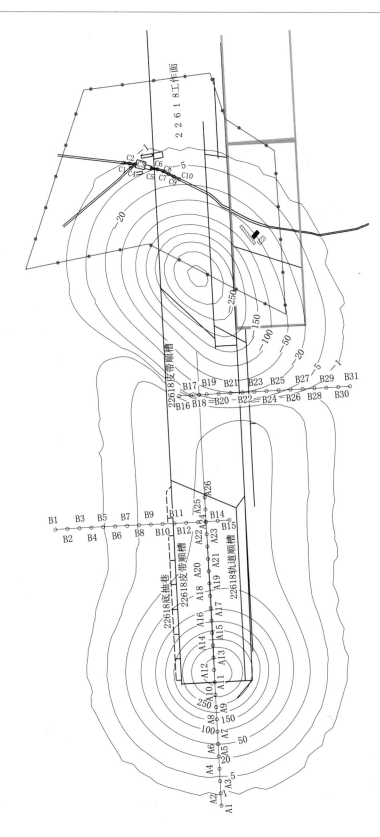

图 7.9 工作面刚开采到保护煤柱时的地表走向水平移动预测图

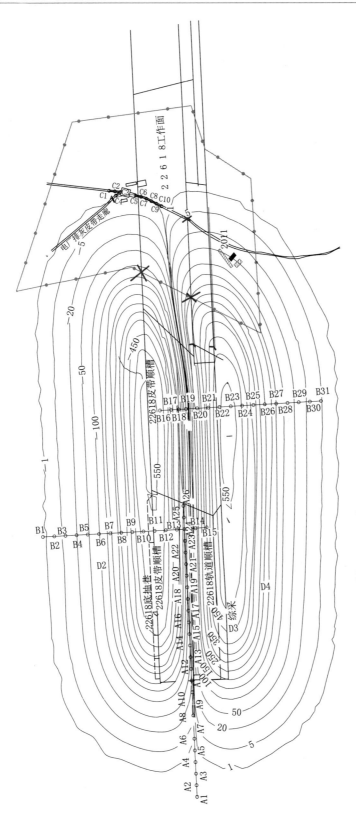

图 7.10　工作面刚开采到保护煤柱时的地表倾向水平移动预测图

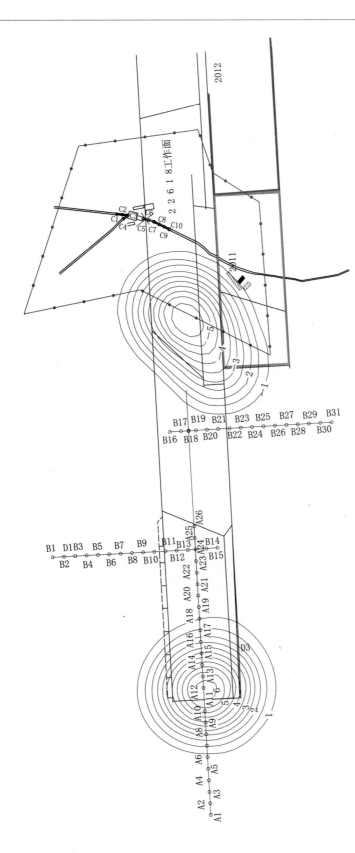

图 7.11 工作面刚开采到保护煤柱时的地表走向倾斜预测图

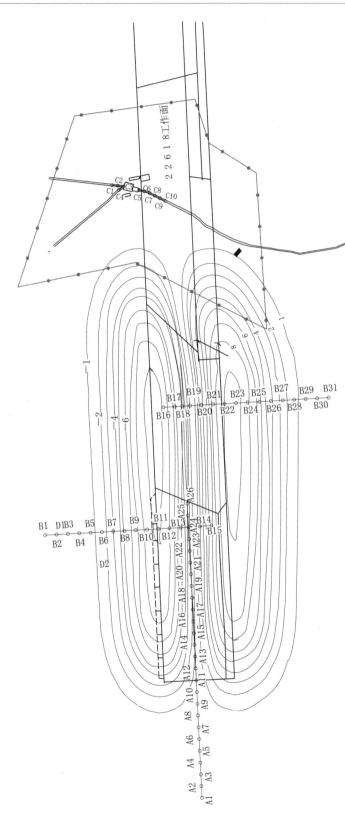

图 7.12　工作面刚开采到保护煤柱时的地表倾向倾斜预测图

率均达到了 0.09mm/m²，均位于工作面两侧巷道上方外侧。具体情况如图 7.13、图 7.14 所示。

5. 水平变形

地表水平变形未波及到皮带运输走廊及皮带头机房。走向方向位于开切眼一侧的最大正、负水平变形均为 2.4mm/m，最大正水平变形位于开切眼外侧，最大负水平变形位于开切眼内侧；走向方向位于保护煤柱线一侧的最大正水平变形为 2.2mm/m，位于保护煤柱线外侧，最大负水平变形为 −1.8mm/m，位于保护煤柱线外侧；倾向方向最大正水平变形均达到了 4mm/m，最大负水平变形为 −4mm/m。具体情况如图 7.15、图 7.16 所示。

7.4.2 开采到皮带运输走廊正下方时地表移动变形预测

1. 下沉

从预测结果来看，工作面开采到皮带运输走廊正下方时，地表最大下沉 1500mm，主要分布于采宽 180m 时的工作面中央，比实测结果略大，这是因为地表下沉还没有达到最终稳定；22618 工作面上方皮带运输走廊下方地表最大下沉为 490mm 左右；皮带头机房遭受 100～200mm 的下沉；22618 工作面轨道巷与皮带交叉处上方地表也遭受最大 400mm 的下沉。具体情况如图 7.17 所示。

2. 水平移动

切眼处走向最大正水平移动为 350mm，位于开切眼正上方；最大负走向水平移动为 −200mm，位于 22618 工作面中央皮带正下方；皮带遭受的最大走向水平移动为 −200mm；皮带头机房地表遭受到的走向水平移动为 −100～−200mm，向采空区一侧移动；倾向最大正、负水平移动均达到了 550mm，均位于工作面两侧巷道正上方；皮带遭受的最大倾向水平移动为 250mm；皮带机房地表遭受到的最大倾向水平移动为 −50mm，向工作面采空区一侧移动。具体情况如图 7.18、图 7.19 所示。

3. 倾斜

走向最大正倾斜为 9mm/m，位于开切眼正上方，走向最大负倾斜为 −3.5mm/m，位于皮带正下方地表；皮带头机房遭受 −1.5～−3mm/m 的向采空区一侧的倾斜；倾向最大正、负倾斜值均达到了 9mm/m，均位于工作面两侧巷道正上方；皮带遭受的

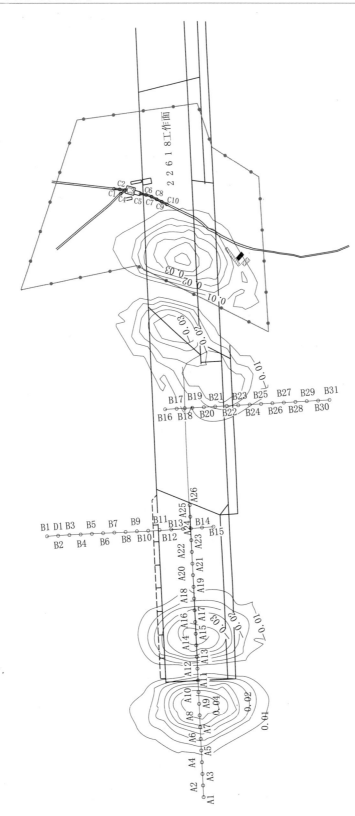

图 7.13　工作面刚开采到保护煤柱时的地表走向曲率预测图

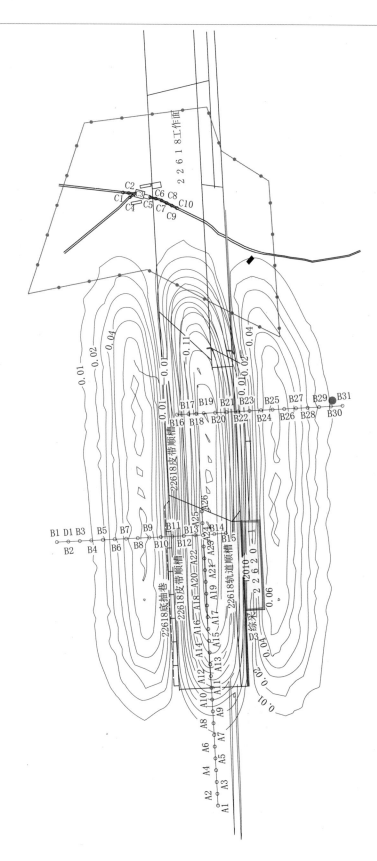

图 7.14 工作面刚开采到保护煤柱时的地表倾向曲率预测图

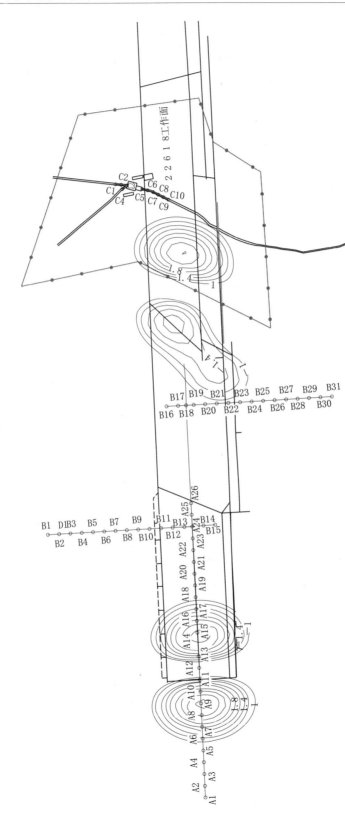

图 7.15　工作面刚开采到保护煤柱时的地表走向水平变形预测图

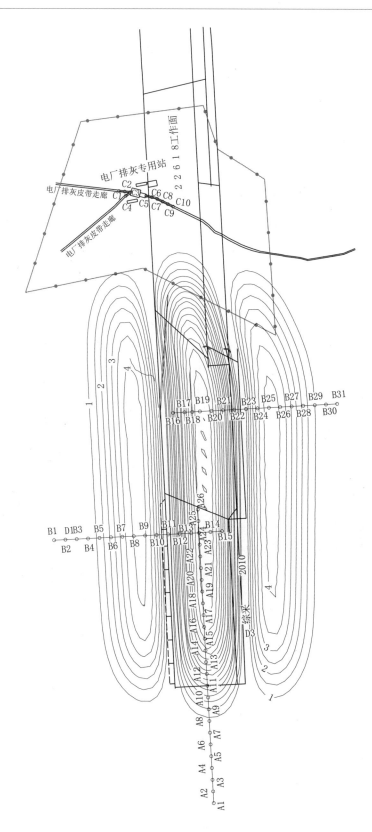

图 7.16 工作面刚开采到保护煤柱时的地表倾向水平变形预测图

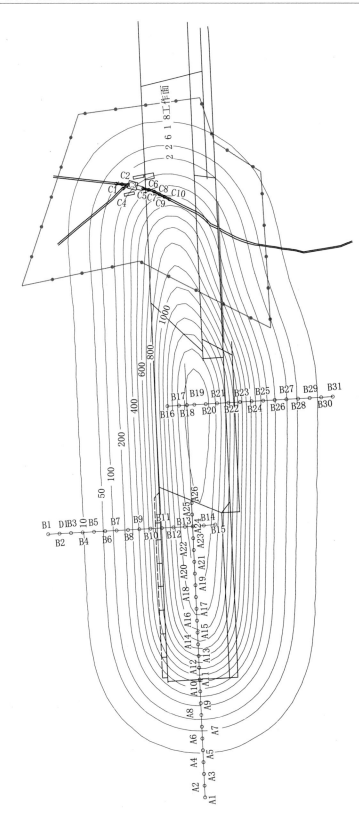

图 7.17 工作面开采到皮带运输走廊正下方时的地表下沉预测图

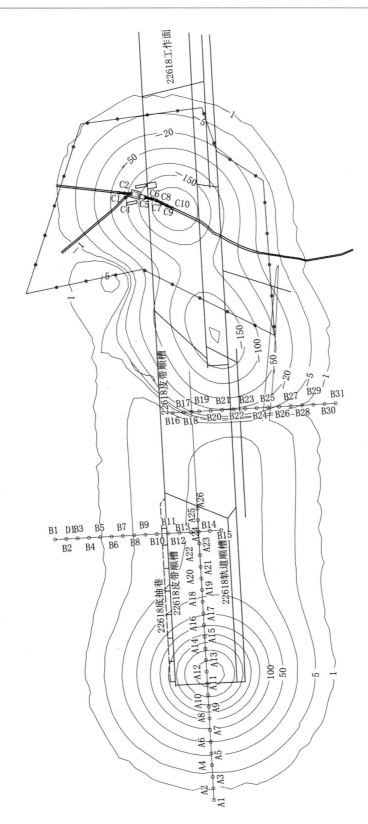

图 7.18 工作面开采到皮带运输廊走向正下方时的地表走向水平移动预测图

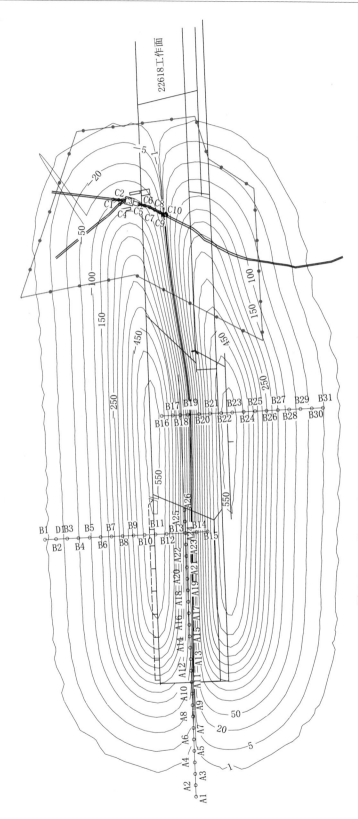

图 7.19　工作面开采到皮带运输走廊正下方时的地表倾向水平移动预测图

最大倾向倾斜为 3mm/m，位于 22620 工作面上方；皮带头机房地表遭受－2mm/m左右的倾向倾斜。具体情况如图 7.20、图 7.21 所示。

4. 曲率

走向方向位于开切眼一侧的最大正、负曲率均为 0.04mm/m²，最大正曲率位于开切眼外侧，最大负曲率位于开切眼内侧；走向方向位于皮带一侧的最大正曲率为 0.03mm/m²，位于皮带前方地表，最大负曲率为－0.02mm/m²，位于皮带后方地表；皮带头机房地表遭受到的最大走向曲率为 0.02mm/m²；皮带遭受到的最大走向曲率为 0.03mm/m²；倾向方向位于最大正、负曲率为 0.07mm/m²，均位于工作面两侧巷道正上方；皮带遭受到的最大倾向曲率为 0.04mm/m²。具体情况如图 7.22、图 7.23 所示。

5. 水平变形

走向方向位于开切眼一侧的最大正、负水平变形均为 2.4mm/m，最大正水平变形位于开切眼外侧，最大负水平变形位于开切眼内侧；走向方向位于皮带一侧的最大正水平变形为 1.6mm/m，位于皮带前方地表，最大负水平变形为－1.4mm/m，位于皮带后方地表；皮带及其头机房遭受到的最大走向水平变形为 1.6mm/m；倾向方向位于最大正水平变形为 4mm/m，位于工作面两侧巷道外方，负水平变形达到了－9mm/m，位于保护煤柱前方工作面中央；皮带遭受到的最大倾向水平变形为－2mm/m。具体情况如图 7.24、图 7.25 所示。

7.4.3　2.3m 采厚刚开采完毕时地表移动变形预测

1. 下沉

从预测结果看，地表最大下沉为 1500m，范围主要分布在 180 采宽工作面中央正上方地表，比实测结果略大，这是因为地表下沉还未处于稳定期；2.3m 采厚最大下沉为 900mm，位于皮带正下方，皮带头机房遭受到 400～800mm 的下沉。具体情况如图 7.26 所示。

2. 水平移动

切眼处走向最大正水平移动为 400mm，位于开切眼正上方；最大负水平移动为－200mm，位于皮带前方保护煤柱线正上方；皮带最终遭受的走向水平移动为－5mm；皮带及其机房在采动过程中遭受到的最大水平移动为－200mm；倾向最大

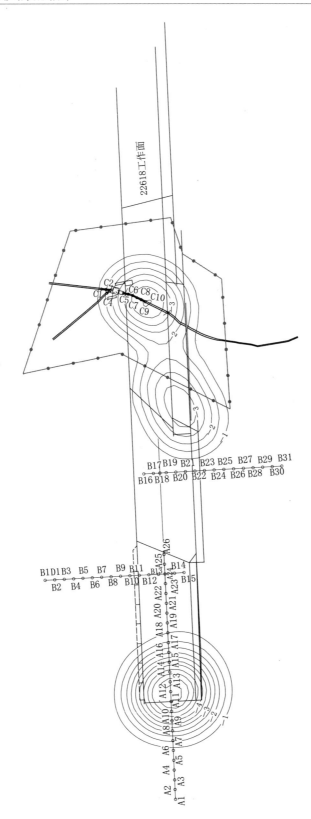

图 7.20　工作面开采到皮带运输走廊正下方时的地表走向倾斜预测图

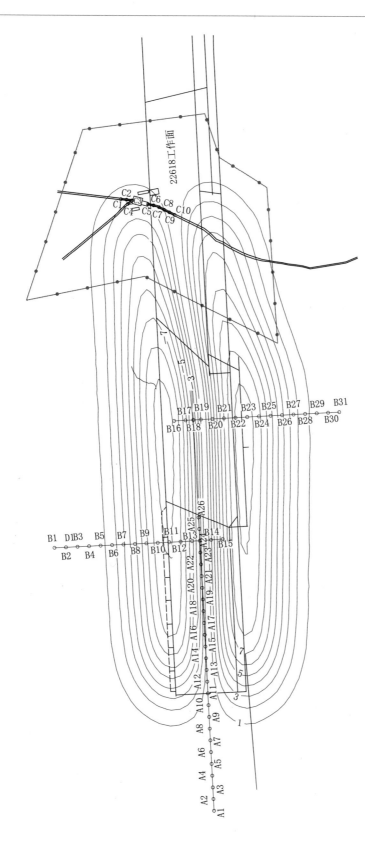

图 7.21 工作面开采到皮带运输走廊正下方时的地表倾向倾斜预测图

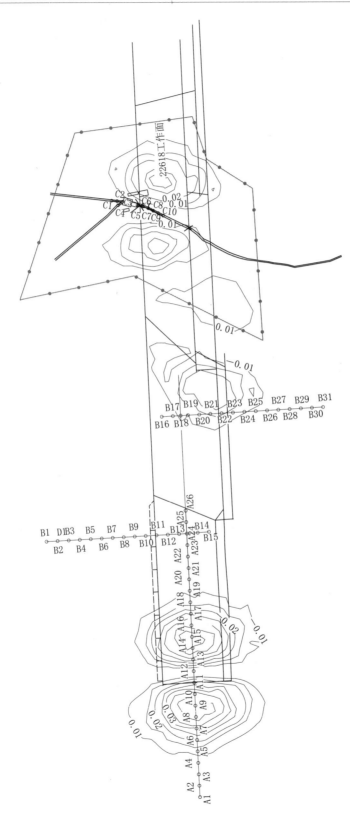

图 7.22 工作面开采到皮带运输走廊正下方时的地表走向曲率预测图

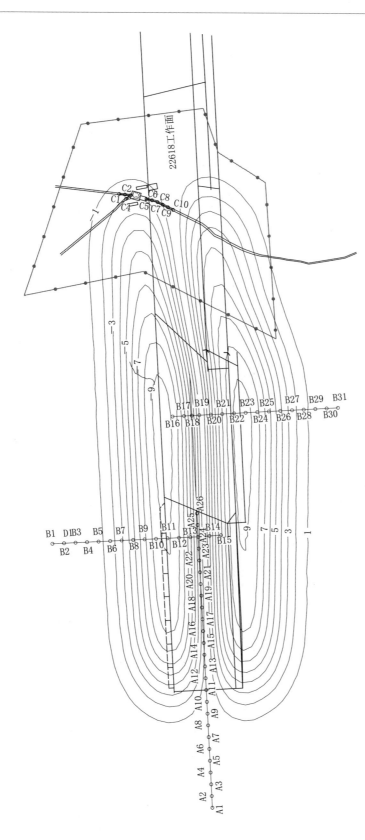

图 7.23 工作面开采到皮带运输走廊正下方时的地表倾向曲率预测图

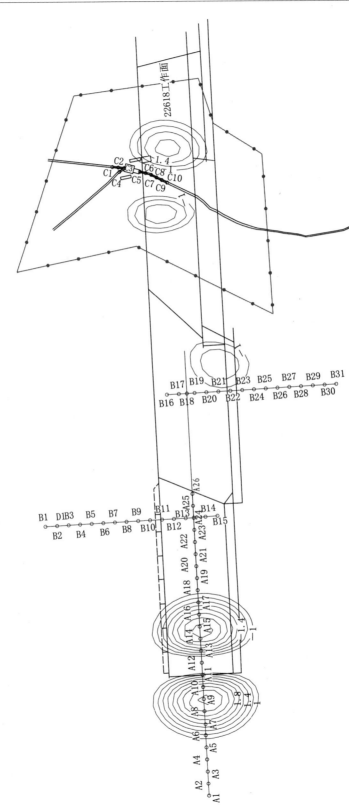

图 7.24　工作面开采到皮带运输走廊走向正下方时的地表走向水平变形预测图

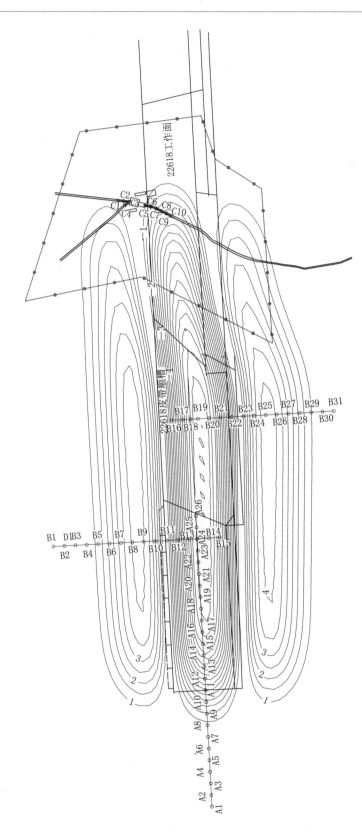

图 7.25 工作面开采到皮带运输走廊正下方时的地表倾向水平变形预测图

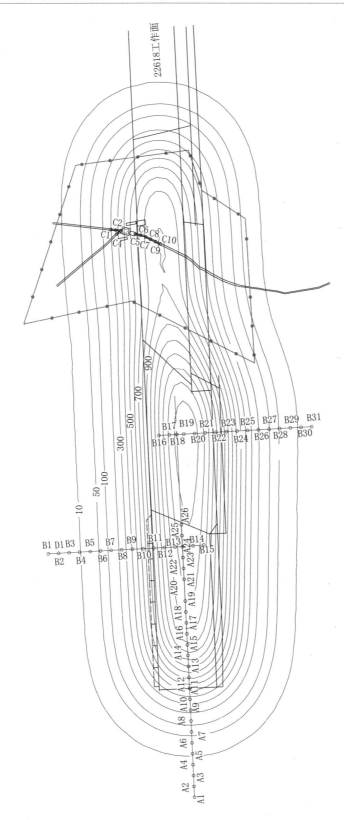

图 7.26　工作面保护煤开采完时的地表下沉预测图

正、负水平移动均达到了 550mm，均位于工作面两侧巷道正上方；皮带遭受的最大倾向水平移动为 300mm；皮带机房地表遭受到的最大倾向水平移动为－300mm，向工作面采空区一侧移动。具体情况如图 7.27、图 7.28 所示。

3. 倾斜

走向最大正倾斜为 9mm/m，位于开切眼正上方，走向最大负倾斜为－4mm/m，位于皮带前方保护煤柱线上方地表；皮带及其机房下方地表最终不遭受倾斜变形影响，但采动过程中会收到－3.5mm/m 的走向倾斜影响；倾向最大正、负倾斜值均达到了 9mm/m，均位于工作面两侧巷道正上方；皮带遭受的倾向倾斜为 1－5mm/m，皮带头机房地表遭受－5mm/m 左右的倾向倾斜。具体情况如图 7.29、图 7.30 所示。

4. 曲率

走向方向位于开切眼一侧的最大正、负曲率均为 0.04mm/m²，最大正曲率位于开切眼外侧，最大负曲率位于开切眼内侧；走向方向位于皮带一侧的最大正、负曲率为 0.03mm/m²，位于皮带前方保护煤柱界线上方地表；皮带及皮带头机房地表最终不遭受走向曲率的影响，但开采过程中遭受到的最大走向曲率为 0.03mm/m²；倾向方向位于最大正曲率为 0.07mm/m²，均位于工作面两侧巷道正上方；最大负曲率为－0.14mm/m²；位于 180 采宽工作面中央；皮带遭受到的最大倾向曲率为－0.1mm/m²，位于皮带下方；皮带头机房处地表遭受到的最大曲率为－0.07mm/m²。具体情况如图 7.31、图 7.32 所示。

5. 水平变形

走向方向位于开切眼一侧的最大正、负水平变形均为 2.4mm/m，最大正变形位于开切眼外侧，最大负水平变形位于开切眼内侧；走向方向位于皮带一侧的最大正、负水平变形均为 1.6mm/m，位于皮带前方保护煤柱界线上方地表两侧；皮带及其头机房最终不遭受走向水平变形影响，但在开采过程中遭受到的最大走向水平变形为 1.6mm/m；倾向方向位于最大正水平变形为 4mm/m，位于工作面两侧巷道外方，负水平变形达到了－9mm/m，位于保护煤柱前方工作面中央；皮带遭受到的最大倾向水平变形为－5.5mm/m，皮带头处机房将遭受最大 4.5mm/m 的水平变形影响。具体情况如图 7.33、图 7.34 所示。

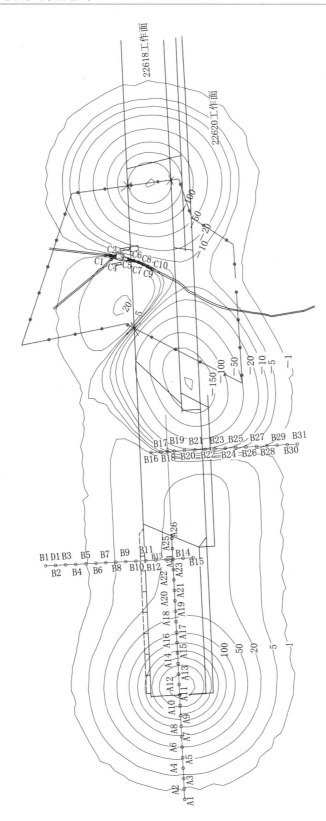

图 7.27　工作面保护煤开采完时的地表走向水平移动预测图

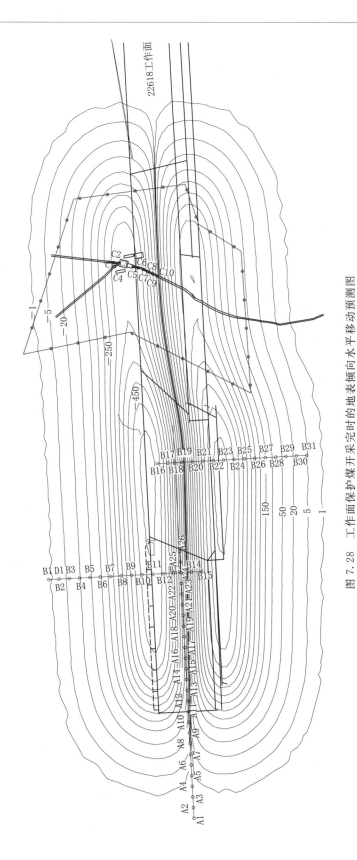

图 7.28 工作面保护煤开采完时的地表倾向水平移动预测图

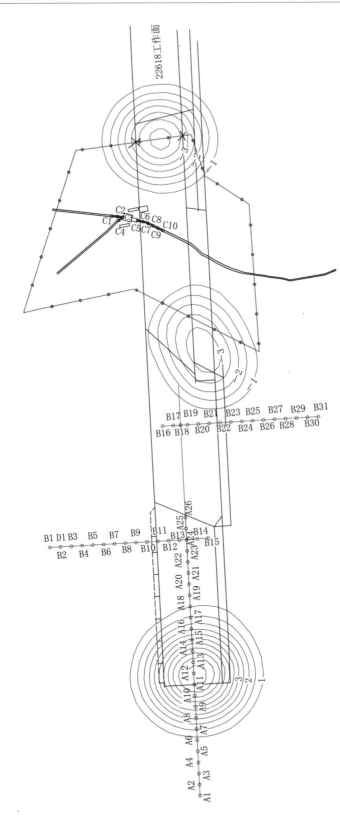

图 7.29　工作面保护煤柱开采完时的地表走向倾斜预测图

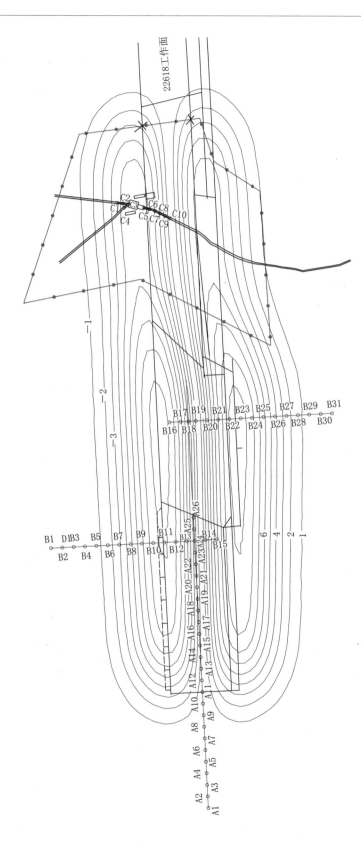

图 7.30 工作面保护煤开采完时的地表倾向倾斜预测图

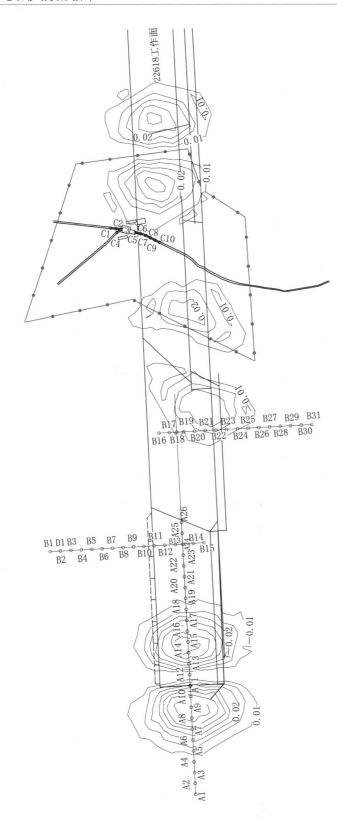

图 7.31　工作面保护煤开采完时的地表走向曲率预测图

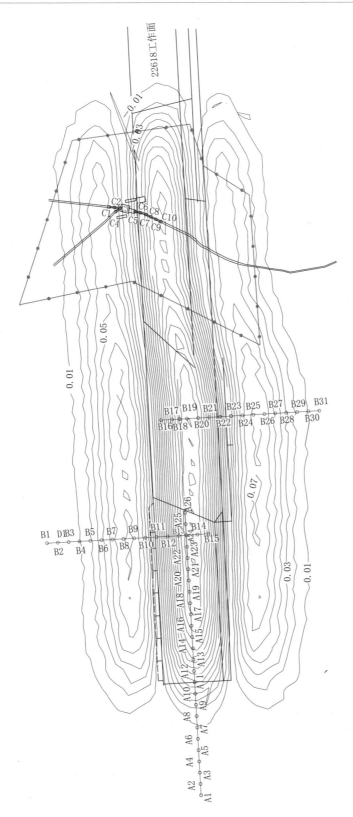

图 7.32 工作面保护煤开采完时的地表倾向曲率预测图

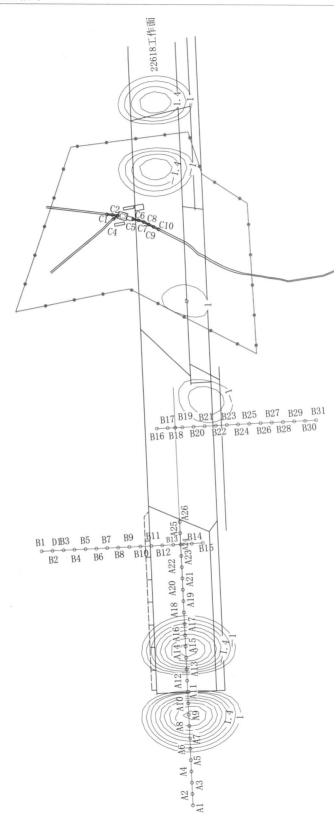

图 7.33 工作面保护煤开采完时的地表走向水平变形预测图

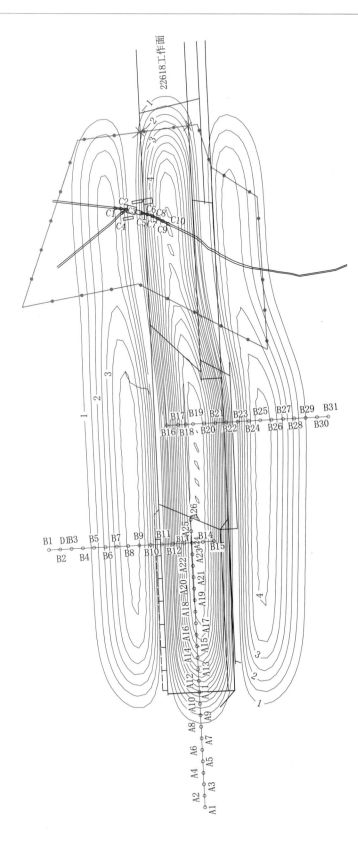

图 7.34 工作面保护煤开采完时的地表倾向水平变形预测图

第 8 章

结　论

8.1 地表移动变形监测结果

根据对镇城底矿 22618 工作面的地表岩移观测结果，通过分析观测数据，获得了该黄土沟壑山区地表开采沉陷的移动变形规律和概率积分预测参数，见表 8.1～表 8.3。

表 8.1 最大移动变形值

移动变形名称	走 向				
	下沉	倾斜	曲率	水平移动	水平变形
最大值	1515mm	10.5mm/m, −8.5mm/m	0.23mm/m², −0.27mm/m²	305mm, −296mm	5mm/m, −4mm/m
移动变形名称	上 山				
	下沉	倾斜	曲率	水平移动	水平变形
最大值	1159mm	2.8mm/m, −9.7mm/m	0.15mm/m², −0.21mm/m²	393mm, −218mm	2.8mm/m, −9.7mm/m
移动变形名称	下 山				
	下沉	倾斜	曲率	水平移动	水平变形
最大值	1296mm	14.5mm/m, −9.6mm/m	0.42mm/m², −0.23mm/m²	521mm, −121mm	14.5mm/m, −9.6mm/m

表 8.2 角量参数

名称	充分采动角	最大下沉角	边界角			超前影响角	最大下沉速度滞后角	移动角		
			走向	下山	上山			走向	下山	上山
角值/(°)	61	86	71	55	64	71	62	78	74	79

表 8.3 概率积分参数

参数名称	下沉系数	水平移动系数			拐点偏移距	主要影响角正切值	影响传播角系数
		走向	下山	上山			
参数值	0.78	0.22	0.4	0.17	22	2.0	1.0

8.2 皮带及皮带头机房监测结果

（1）由于皮带运输走廊是钢结构建（构）筑物，其各部分之间有较强的支撑和牵拉作用，且本研究中支撑皮带运输走廊的支架基础较小，通常不会造成支架基础悬空，故倾斜和曲率对皮带运输走廊的采动损害影响不明显，即使是地表最大倾斜为 -9.9mm/m，最大曲率为 $-0.7\times10^{-3}\text{mm/m}^2$ 处，皮带运输走廊也没有发生明显的采动损害。

（2）地形地势对皮带运输走廊的移动变形有较大的影响，如最大下沉、倾斜和曲率均位于 G61 监测点附近，该处为一山坡体，监测到的最大水平移动位于距离山坡体边界较近的 4 号监测点附近；重复采动作用下，老采空区的残余变形对其正上方的监测点仍有较大的影响，如 G59、G57 和 G55 监测点的移动变形。

（3）水平变形对皮带运输走廊的采动损害影响明显，易造成皮带运输走廊的压缩或拉伸变形，如 G70 号和 G69 监测点之间的水平变形最大，因此，在该处也造成了皮带运输走廊较严重的挤压变形。

（4）对于皮带头机房，在其走向方向，机房最大倾斜达到了 5.8mm/m，曲率为 $0.1\times10^{-3}\text{mm/m}^2$。尽管房屋基础的曲率较小，没有达到《三下采煤规程》中给定的临界变形值，但其倾斜值已经超过临界值，由于机房是框架结构建筑，所以其基础必然存在着局部应力集中现象，这也是造成机房出现裂缝的原因。

（5）在工作面开采到皮带正下方之前，受采矿和山体滑移的共同影响，机房水平移动向开切眼方向。当工作面推过皮带以后，各监测点开始逐渐向开采线一侧移动，表明此时机房水平移动受 22618 工作面的开采影响开始大于山体滑移的影响；由于机房为框架结构，机房各监测点的水平移动步调基本一致，表明机房遭受的采动损害受水平变形的影响较小。

8.3　覆岩与地表采动损害机理

（1）根据 22618 工作面的实际地质采矿条件，基于 Phase2.0 平台构建了其走向主断面地质采矿模型，反演分析了 22618 工作面开采过程中，覆岩与地表应力场、位移场和破坏场的演化规律。应力场方面，随工作面的开采，在工作面两侧煤壁上方一定范围内形成了压应力集中区，在采空区正上方一定范围内形成了应力降低区，再向上又出现了一定程度的应力集中现象，即在采空区上方形成了"平均应力拱"。位移场方面，工作面开采到 120m 左右地表开始下沉，地表最大下沉值为 1540mm；地形对地表水平移动的影响较大。破坏场方面，随工作面推进，覆岩破坏场始终以"马鞍型"发育；沿"等效应力拱"容易出现剪切破坏，其上部和内部主要发生拉伸破坏。揭示了黄土沟壑山区覆岩与地表沉陷规律与发生机理。

（2）根据 22618 工作面和 22620 工作面的实际地质采矿条件，建立了沿皮带运输走廊走向方向的地质采矿模型，模拟了在 22618 工作面和 22610 工作面共同作用下，皮带运输走廊受采动影响的情况。实验结果表明：22618工作面和22620工作面各自形成的等效应力拱在裂隙带和冒落带内并未联成一体，由于22620工作面的宽度较22618工作面的开采宽度大，22620工作面采空区上方的等效应力发育高度也较22618工作面高，说明22620工作面的破坏范围和程度比22618工作面大，该点与覆岩的破坏场发育情况一致；主要破坏形式为剪切破坏，主要分布在等效应力包围的区域内。地表未发生明显的剪切或拉伸破坏。地表最大垂向位移为1535mm，发生在两工作面间煤柱右侧上方地表，与实测数据一致，比单采22618工作面地表下沉值大20mm。地表最大水平位移发生在22618工作面采空区右侧地表的一个边坡上，且22620工作面煤壁两侧覆岩水平位移较22618工作面水平位移大。

8.4　预测结果

（1）工作面开采到皮带后方保护煤柱边界线处时，皮带受到的最大走向曲率为0.015mm/m^2；其他变形为0，根据《三下采煤规程》中推荐的确定建（构）筑物保护煤柱的允许地表变形值$i=\pm3\text{mm/m}$，$K=\pm0.2\text{mm/m}^2$，$\varepsilon=\pm2\text{mm/m}$，可知，此时工作面开采将不会对皮带及皮带头机房造成采动损害。

（2）工作面开采到皮带运输走廊正下方时，皮带遭受到的最大走向倾斜为-3.5mm/m，倾向倾斜为4mm/m；最大走向曲率为0.04mm/m^2，倾向最大曲率为-0.04mm/m^2；皮带及其机头机房最终不遭受倾向水平变形影响，但采动过程中将遭受到的最大走向水平变形为1.6mm/m，最大倾向水平变形为3mm/m。由以上预测变形值以及《三下采煤规程》中推荐的确定建（构）筑物保护煤柱的允许地表变形值$i=\pm3\text{mm/m}$，$K=\pm0.2\text{mm/m}^2$，$\varepsilon=\pm2\text{mm/m}$，可知，在采动过程中，最大倾斜超过了倾斜指标1mm/m，最大倾向水平变形超过了水平变形指标1mm/m，考虑到皮带头处的建（构）筑物为框架结构，且皮带运输走廊为钢结构，均具有一定的抗变形能力，且最终地表的变形没有超过该指标。因此，工作面开采到皮带运输走廊正下方时对皮带运输走廊及皮带头处机房的影响较小。

（3）工作面开采完2.3m采厚保护煤柱时，皮带及皮带头机房最终将不遭受走向倾斜影响，但采动过程中，皮带遭受到的最大走向倾斜为-4mm/m，倾向倾斜为$\pm5\text{mm/m}$。最终不遭受走向曲率的影响，但在采动过程中将遭受到的最大曲率为0.035mm/m^2，皮带处地表最终走向曲率为0mm/m^2；遭受到的最终倾向曲率为-0.1mm/m^2。皮带及皮带头机房处地表最终不受走向水平变形影响，但采动过程中将受到的最大走向水平变形为$\pm1.6\text{mm/m}$，最大倾向水平变形为-6mm/m。根据以上分析和《三下采煤规程》中推荐的确定建（构）筑物保护煤柱的允许地表变形值

$i = \pm 3\text{mm/m}$，$K = \pm 0.2\text{mm/m}^2$，$\varepsilon = \pm 2\text{mm/m}$，可知，在采动过程中，最大倾斜超过了倾斜指标 2mm/m，最大倾向水平变形超过了水平变形指标 4mm/m，有两项指标超过允许变形值，且超标较多，因此，从指标上看，采动过程中皮带运输走廊及皮带头机房将遭受一定程度的采动损害。

参 考 文 献

［1］ 胡振琪，龙精华，张瑞娅，等.中国东北多煤层老矿区采煤沉陷地损毁特征与复垦规划 ［J］.农业工程学报，2017，33（5）：238－247.

［2］ Yang Li，Syd S. Peng，Jinwang Zhang. Impact of longwall mining on groundwater above the longwall panel in shallow coal seams ［J］. Journal of Rock Mechanics and Geotechnical Engineering，2015，7（3）：298－305.

［3］ E. Fathi Salmi，M. Nazem，M. Karakus. Numerical analysis of a large landslide induced by coal mining subsidence ［J］. Engineering Geology，2017：141－152.

［4］ Mouhammed Abdallah，Thierry Verdel. Behavior of a masonry wall subjected to mining subsidence，as analyzed by experimental designs and response surfaces ［J］. International Journal of Rock Mechanics and Mining Sciences，2017，100：199－206.

［5］ Huayang DAI，Liyan REN，Meng WANG，Haibing XUE. Water distribution extracted from mining subsidence area using Kriging interpolation algorithm ［J］. Transactions of Nonferrous Metals Society of China，2011，21（3）：723－726.

［6］ Syd S. Peng. Surface Subsidence Engineering ［M］. Colorado：The Society for Mining，Metallurgy，and Exploration，Inc，1992.

［7］ Helmut Kratzsch. Mining Subsidence Engineering ［M］. New York：Springer－Verlag，1983.

［8］ 崔希民，张兵，彭超.建筑物采动损害评价研究现状与进展 ［J］.煤炭学报，2015，40（8）：1718－1728.

［9］ 余学义，李邦帮，李瑞斌，等.西部巨厚湿陷性黄土层开采损害程度分析 ［J］.中国矿业大学学报，2008，37（1）：43－47.

［10］ 缪协兴，钱鸣高.中国煤炭资源绿色开采研究现状与展望 ［J］.采矿与安全工程学报，2009，26（1）：1－14.

［11］ 赵洪亮.高强度开采覆岩与地表移动规律及控制技术研究 ［D］.北京：中国矿业大学，2007.

［12］ 刘书贤.急倾斜多煤层开采地表移动规律模拟研究 ［D］.北京：煤

炭科学研究总院，2005.

[13] 黄平路. 构造应力型矿山地下开采引起岩层移动规律的研究 [D]. 武汉：中国科学院武汉岩土力学研究所，2008.

[14] 杨帆. 急倾斜煤层采动覆岩移动模式及机理研究 [D]. 阜新：辽宁工程技术大学，2006.

[15] C. T. 阿威尔辛. 煤矿地下开采的岩层移动 [M]. 北京：煤炭工业出版社，1959.

[16] 中国科学技术情报研究所. 出国参观考察报告：波兰采空区地面建筑 [M]. 科学技术文献出版社，1979.

[17] 鲍莱茨基，M. 胡戴克，著. 矿山岩体力学 [M]. 于振海，刘天泉，译. 北京：煤炭工业出版社，1985.

[18] 沙武斯托维奇. 地下开采对地表的影响 [M]. 林国夏，译. 北京：煤炭工业出版社，1959.

[19] Salamon M D G. . Elastic analysis of displacements and stresses induced by the mining of seam or roof deposis, J. S. Afr, Inst. Metall. 1963，Vol. 63.

[20] Salamon M D G. . 地下工程的岩石力学 [M]. 北京：冶金工业出版社，1982.

[21] Salamon M D G. . Elastic analysis of displacements and stresses induced by the mining of seam or reef deposits, Part 1 [J]. J S Afr Inst Min Metall 1963（64）：128－149.

[22] Salamon M D G. . Elastic analysis of displacements and stresses induced by the mining of seam or reef deposits, Part 2 [J]. J S Afr Inst Min Metall 1963（64）：197－218.

[23] Brauner . Subsidence due to underground mining [M]. USA：Bureau of Mines，1973.

[24] 邹友峰，邓喀中，马伟民. 矿山开采沉陷工程 [M]. 徐州：中国矿业大学出版社，2003.

[25] Chois D. S. ，Dahi H. D. . Measurement and prediction of mine subsidence over room and pillar in three dimension, Proceedings Workshop on subsidence due to underground mining [M]. S. S. Peng, ed. ，West Viinia University，Morgantown，WV，1981：34－47.

[26] Siriwarddane H. J. ，A numerical procedure for prediction of subsidence caused by long－wall mining, Proceedings Fifth Conference on Numerical Methods in Geomechanics [M]. T. Kawamoto and Y. Ichikawa，eds，A. A. Balkema，Boston，1985：1595－1602.

［27］ Helmut Kratzsch. Mining Subsidence Engineering ［M］. Translated by Fleming, Springer Verlag, Berlin, Heidekberg, New York, 1983.

［28］ A. 彼图霍夫. 埋藏条件复杂的煤层开采时岩层的移动 ［J］. 矿山测量，1984.

［29］ Conroy P. J., Gyarmaty J. H.. The mid-continent field: result of a subsidence monitoring program, surface mining environmental monitoring and reclamation handbook ［M］. Sendlain L., Elsevier, New York, 1983: 681-708.

［30］ 殷作如. 开滦矿区岩层移动及后松散层地表移动规律研究 ［D］. 北京：中国矿业大学，2007.

［31］ H. 克拉茨. 马伟民，王金庄. 采动损害与防护 ［M］. 王绍林，译. 北京：煤炭工业出版社，1984.

［32］ 崔希民. 开采沉陷引起的含水层失水对地表下沉的影响 ［J］. 煤田地质与勘探，2000，28（5）：47-48.

［33］ Su D. W. H.. Finite element modeling of subsidence induced by underground coal mining: The influence of material nonlinearity and shearing along existing planes of weakness, Proceedings 10th International Conference on Ground Control in Mining ［M］. S. S. Peng, ed., West Virginia University, Morgantown, WV, 1991: 287-300.

［34］ Peng S. S.. Surface subsidence engineering ［M］. New York: SME, 1992.

［35］ Ambrožič T., Turk G. Prediction of subsidence due to underground mining by artificial neural networks ［J］. Computers & Geosciences, 2003（29）：627-637.

［36］ Gonzalez-Nicieza C., Alvarez-Fernandez M. I., Menendez-Diaz A., et al. The influence of time on subsidence in the Central Asturian Coalfield ［J］. Bulletin of Engineering Geology and the Environment, 66（2007）：319-329.

［37］ Luo Y., Cheng J.. An influence function method based subsidence prediction program for longwall mining operations in inclined coal seams ［J］. Mining Science and Technology（China），19（2009）：592-598.

［38］ I. D., Y. M., T. E.. Evaluation of ground movement and damage to structures from Chinese coal mining using a new GIS coupling model ［J］. International Journal of Rock Mechanics & Mining Sciences, 25（2011）：21-36.

[39] Ikemi H.，Mitani Y.，Djamaluddin I.. GIS – Based Computational Method for Simulating the Components of 3D Dynamic Ground Subsidence during the Process of Undermining ［J］. International journal of geomechanics，12 (2012)：43 – 53.

[40] 黄乐亭. 煤矿地表动态沉陷与变形速度规律研究 ［D］. 北京：中国矿业大学，2006.

[41] 周国铨，崔继宪，刘广荣，等. 建筑物下采煤 ［M］. 北京：煤炭工业出版社，1983.

[42] 白矛，刘天泉. 条带法开采中条带尺寸的研究 ［J］. 煤炭学报，1983 (2)：19 – 26.

[43] 范学理，刘文生. 条带法开采控制地表沉陷的新探讨 ［J］. 辽宁工程技术大学学报，1992 (2)：20 – 25.

[44] 邓喀中. 开采沉陷中的岩体结构效应研究 ［D］. 北京：中国矿业大学，1993.

[45] 邓喀中，马伟民. 开采沉陷模拟计算中的层面效应 ［J］. 矿山测量，1996 (4)：39 – 44.

[46] 邓喀中，马伟民. 开采沉陷中的层面滑移三维模型 ［J］. 岩土工程学报，1997 (5)：30 – 36.

[47] 邓喀中，马伟民. 开采沉陷中的岩体节理效应 ［J］. 岩石力学与工程学报，1996 (4)：42 – 49.

[48] 邓喀中，马伟民，何国清. 开采沉陷中的层面效应研究 ［J］. 煤炭学报，1995 (4)：380 – 384.

[49] 邓喀中，马伟民，郭广礼，等. 岩体界面效应的物理模拟 ［J］. 中国矿业大学学报，1995 (4)：80 – 84.

[50] 崔希民，许家林，缪协兴. 潞安矿区综放与分层开采岩层移动的相似材料模拟实验研究 ［J］. 实验力学，1999，14 (3)：402 – 406.

[51] 郝延锦，吴立新，沙从术. 放顶煤开采条件下覆岩移动规律实验研究. 矿山测量，1999，(4)：6 – 9.

[52] 梁运培，孙东玲. 岩层移动的组合岩梁理论及其应用研究 ［J］. 岩石力学与工程学报. 2002，21 (5)：654 – 657.

[53] 汪华君. 四面采空采场"θ"型覆岩多层空间结构运动及控制研究 ［D］. 青岛：山东科技大学，2005.

[54] 戴华阳，王世斌，等. 深部隔离煤柱对岩层与地表移动的影响规律 ［J］. 岩石力学与工程学报，2005，24 (16)：2929 – 2933.

[55] 煤炭科学研究院北京开采所. 煤矿地表移动与覆岩破坏规律及其应用 ［M］. 北京：煤炭工业出版社，1982.

[56] 中国矿业学院，等. 煤矿岩层与地表移动 [M]. 北京：煤炭工业出版社，1981.

[57] 王金庄，邢安仕，吴立新. 矿山开采沉陷及其损害防治 [M]. 北京：煤炭工业出版社，1995.

[58] 国家煤炭工业局. 建筑物、水体、铁路及主要井巷煤柱留设与压煤开采规程 [M]. 北京：煤炭工业出版社，2000.

[59] 何万龙，孔照璧. 山区地表移动规律及变形预计 [J]. 矿山测量，1986，(2)：24 - 30.

[60] 何国清，马伟民，王金庄. 威布尔型影响函数在地表移动的计算中的应用 [J]. 中国矿业学院学报，1982 (1)：4 - 23.

[61] 何国清，杨伦，凌赓娣，等. 矿山开采沉陷学 [M]. 徐州：中国矿业大学出版社，1995.

[62] 郝庆旺. 采动岩体的孔隙扩散模型与空源作用分析 [J]. 中国矿业大学学报，1988，(2)：33 - 39.

[63] 王金庄，李永树，周雄，等. 巨厚松散层下开采地表移动规律的研究 [J]. 煤炭学报，1997，22 (1)：18 - 21.

[64] 郭增长，王金庄，戴华阳. 极不充分开采地表移动与变形预计方法 [J]. 矿山测量，2000，(3)：35 - 37.

[65] 郭文兵，邓喀中. 岩层移动角选取的神经网络方法研究 [J]. 中国安全科学学报，2003，13 (9)：69 - 73.

[66] 戴华阳，王金庄，崔继宪，等. 基于倾角变化的开采影响传播角与最大下沉角 [J]. 矿山测量，2001，9 (107)：28 - 30.

[67] 戴华阳，王金庄，等. 急倾斜煤层开采沉陷. 中国科学技术出版社，2005.

[68] 柴华彬，邹友峰，郭文兵. 用模糊模式识别确定开采沉陷预计参数 [J]. 煤炭学报，2005，30 (6)：701 - 704.

[69] 朱刘娟，陈俊杰，邹友峰. 深部开采条件下岩层移动角确定研究 [J]. 煤炭工程，2006，2：45 - 47.

[70] 胡青峰，崔希民，李春意，等. 基于 Broyend 算法的概率积分法预计参数求取方法研究 [J]. 湖南科技大学学报（自然科学版），2009，24 (1)：5 - 8.

[71] 廉旭刚. 基于 Knothe 模型的动态地表移动变形预计与数值模拟研究 [D]. 北京：中国矿业大学，2012.

[72] 胡青峰，崔希民，康新亮，等. Knothe 时间函数参数影响分析及其求参模型研究 [J]. 采矿与安全工程报. 2014 (1)：122 - 126.

[73] Qingfeng Hu, Xubiao Deng, Ruimin Feng, et al. Model for calcu-

lating the paramenter of the Knothe time function based on angle of full subsidence [J]. International Journal of Rock Mechanics & Mining Science，2015 (78)，19 - 26.

[74] Nie L.，Wang H，Xu Y，et al. A new prediction model for mining subsidence deformation：the arc tangent function model [J]. Natural Hazards，75 (2015)：2185 - 2198.

[75] 李增琪. 使用富氏积分变换计算开挖引起的地表移动 [J]. 煤炭学报，1983 (2)：18 - 28.

[76] 谢和平，陈至达. 非线性大变形有限元分析及在岩层移动中应用 [J]. 中国矿业大学学报，1988 (2)：97 - 107.

[77] 何满潮. 北京：中国矿业大学北京研究生部博士后研究报告 [R]，1994.

[78] 杨伦，于广明. 采矿下沉的再认识 [J]. 第七届国际矿测学术会议文集，1987.

[79] 杨硕，张有祥. 水平移动曲面的力学预测法 [J]. 煤炭学报，1995，2 (2)：214 - 217.

[80] 王泳嘉，邢纪波. 离散元法及其在岩石力学中的应用 [J]. 煤矿开采，1993 (2)：55 - 58.

[81] 王泳嘉，邢纪波. 离散元法及其在岩石力学中的应用 [J]. 煤矿开采，1993 (4)：56 - 58.

[82] 吴立新，王金庄，等. 建（构）筑物下压煤条带开采理论与实践 [M]. 徐州：中国矿业大学出版社，1994.

[83] 吴立新，王金庄，赵七胜，等. 托板控制下开采沉陷的滞缓与集中现象研究 [J]. 中国矿业大学学报，1994.23 (4)：10 - 19.

[84] 吴立新，王金庄，赵七胜，等. 托板控制下开采沉陷的阶段性和板裂性 [J]. 矿山测量，1994 (4)：29 - 32.

[85] 吴立新，王金庄. 连续大面积开采托板控制岩层变形模式的研究 [J]. 煤炭学报，1994.19 (3)：233 - 241.

[86] 于广明. 分形及损伤力学在开采沉陷中的应用研究 [D]. 北京：中国矿业大学，1997.

[87] 麻凤海. 岩层移动的时空过程 [D]. 沈阳：东北大学，1996.

[88] 崔希民，陈至达. 非线性几何场论在开采沉陷预测中的应用 [J]. 岩土力学，1997，18 (4)：186 - 189.

[89] 唐春安. 岩石破裂过程中的灾变 [M]. 北京：煤炭工业出版社，1993.

[90] 刘红元，刘建新，唐春安. 采动影响下覆岩垮落过程的数值模拟 [J]. 岩土工程学报，2001，23 (2)：201 - 204.

［91］ 刘红元，唐春安，芮勇勤. 各煤层开采时垮落过程的数值模拟
［J］. 岩石力学与工程学报，2001，20（2）：190-196.

［92］ 唐春安，徐曾和，徐小荷. 岩石破裂过程分析 RFPA2D 在采场上
覆岩层移动规律研究中的应用 ［J］. 辽宁工程技术大学学报，
1999，18（5）：456-458.

［93］ 王悦汉，邓喀中. 重复采动条件下覆岩下沉特性研究 ［J］. 煤炭
学报，1998，23（5）：470-475.

［94］ Ximin Cui，Xiexing Miao，Jin'an Wang，et al. Improved prediction of
differential subsidence caused by underground mining ［J］. Interna-
tional Journal of Rock Mechanics and Mining Science，2000，37
（4）：627-651.

［95］ Ximin Cui，Jiachen Wang，Yisheng Liu. Prediction of progressive
surface subsidence above long-wall coal mining using a time func-
tion ［J］. International Journal of Rock Mechanics and Mining Sci-
ence，2001，38（7）：1057-1060.

［96］ 张玉卓，仲惟林，姚建国. 岩层移动的错位理论解与边界元法计
算 ［J］. 煤炭学报，1987（2）：21-31.

［97］ 张玉卓，仲惟林，等. 断层影响下地表移动规律的统计和数值模
拟研究 ［J］. 煤炭学报，1989（1）：23-31.

［98］ 隋惠权，于广明. 地质动力引起岩层移动变形及突变灾害研究
［J］. 辽宁工程技术大学学报，2002，21（1）：25-27.

［99］ 夏玉成. 构造应力对煤矿区采动损害的影响探讨 ［J］. 西安科技
学院学报，2004，24（1）：72-74.

［100］ 崔希民，李春意，袁德宝，等. 弱面对地表移动范围和不连续变
形的影响 ［J］. 湖南科技大学学报（自然科学版），2009，24
（2）：1-4.

［101］ 何万龙，王忠，毛继周，等. 西山矿区地表移动观测资料综合分
析 ［J］. 山西矿业学院学报，1994，12（4）：316-328.

［102］ 何万龙. 山区开采沉陷与采动损害 ［M］. 北京：中国科学技术出
版社，2003.

［103］ 何万龙，康建荣. 山区地表移动与变形规律的研究 ［J］. 山西矿
业学院学报，1991，9（1）：79-89.

［104］ 康建荣. 山区采动裂缝对地表移动变形的影响分析 ［J］. 岩石力
学与工程学报，2008，27（1）：59-64.

［105］ 余学义，李邦帮，李瑞斌，等. 西部巨厚湿陷性黄土层开采损害
程度分析 ［J］. 中国矿业大学学报，2008，37（1）：43-47.

［106］ 韩奎峰，康建荣，王正帅，等. 山区采动地表裂缝预测方法研究
［J］. 采矿与安全工程学报，2014，31（6）：896－900.

［107］ 王晋丽. 山区采煤地裂缝的分布特征及成因探讨［D］. 太原：太
原理工大学，2005.